V. 1892.
3. E.

AF472905

V 11062

ART

DE

RAFFINER LE SUCRE.

LIVRES qui se trouvent chez MORONVAL.

DESCRIPTION DES ARTS ET MÉTIERS, faite et approuvée par Messieurs de l'Académie impériale des Sciences de Paris, nouvelle édition, publiée avec des observations, et augmentée de tout ce qui a été écrit de mieux sur ces matières en Allemagne, en Angleterre, en Suisse, en Italie, par J. E. Bertrand, professeur de Belles-Lettres à Neuchâtel, membre de l'Académie des Sciences de Munich, et de la Société des curieux de la nature, de Berlin, etc.; 20 vol. in-4., ornés de 500 planches en taille-douce.

Ayant le fonds de cet ouvrage, je le diviserai par cahier, ainsi qu'il suit :

Amidonnier, par Duhamel	2 f. 50 c.
Ancres (fabrique des), par Réaumur et Duhamel,	2 f.
Art d'affiner l'argent,	1 f. 50 c.
Art de tirer des carrières la pierre d'ardoise, de la fendre et de la tailler, par Fougeroux de Bondaroy,	3 f.
Art du fabricant d'étoffes de laine, par Roland de la Platière,	6 f.
Boulanger, par Malouin	6 f.
Bourrelier et sellier, par Garsault,	5 f.
Brodeur, par Saint-Aubin,	3 f.
Cartier, par Duhamel du Monceau,	2 f 50 c.
Cartonnier, par Lalande,	2 f. 50 c.
Chamoiseur, par le même,	2 f. 50 c.
Chandelier, par Duhamel,	3 f
Chapellier, par Nollet,	3 f. 50 c.
Charbonnier, ou manière de faire le charbon de bois, par Duhamel,	1 f.
Charbon de bois (supplément), par le même,	1 f.
Charbon de terre, par Morand, partie I. (Mines),	9 f.
Idem. Partie II. (De l'extraction, de l'usage et du commerce de charbon de terre),	15 f.
Idem. Partie II, section III. (Exploitation, commerce et usage du charbon de terre),	15 f.
Idem. Partie II, section IV. (Art d'exploiter les mines),	15 f.
Idem. Partie II, suite de la sect. IV. (Différentes manières d'employer le charbon de terre),	15 f.
Idem. Table des matières, qui peut servir de dictionnaire, suivie des opérations pour fondre le fer avec les braises de charbon de terre,	10 f.
Chaufournier, par Fourcroy,	3 f. 50 c.
Cirier, par Duhamel du Monceau,	4 f.
Colles (art de faire les), par Duhamel,	3 f.
Cordonnier, par Garsault,	2 f. 50 c.
Corroyeur, par Lalande,	2 f. 50 c.
Coutelier en ouvrages communs, par Fougeroux,	3 f.
Couvreur, par Duhamel du Monceau,	2 f. 50 c.
Criblier, par Fougeroux de Bondaroy	2 f.
Cuirs dorés, par Fougeroux de Bondaroy.	2 f. 50 c.
Description d'un microscope et de différens micromètres, par le duc de Chaulnes,	3 f.
Distillateur des eaux fortes, par Demachy, (sous presse),	»
Distillateur liquoriste, par Demachy, (sous presse),	»
Drapier, par Duhamel,	6 f.
Epinglier, par Réaumur et Duhamel,	4 f.
Etoffes de laine (l'Art de préparer et d'imprimer les), suivi de l'Art de fabriquer les pannes ou pluches, les velours façon d'Utrecht, et les moquettes, par le même,	2 f. 50 c.
Fabricant de velours de coton, suivi d'un traité sur la teinture de cette étoffe, par Roland de la Platière,	5 f.
Fabricant d'étoffes de soie, par Paulet,	20 f.
Faiseur de peignes d'acier, pour la fabrique des étoffes de soie,	3 f.
Fer (Forges et fourneaux à), par Courtivron et Bouchu, sect. I et II. —Section III. Art du feu appliqué au fer, par les mêmes. Section IV. Traité du fer, par Swedembourg, traduit par les mêmes,	30 f.
Fer fondu (l'Art d'adoucir le) par Réaumur,	5 f.
Fil de fer ou d'archal, par Duhamel du Monceau,	4 f. 50 c.
Forge (de la) des enclumes, par Duhamel du Monceau,	1 f. 50 c.
Hongroyeur, par Lalande,	2 f. 50 c.
Indigotier, par Beauvais de Rasseau, (sous presse),	»
Imprimeur (art de l'), par Bertrand,	6 f.
Lingère, par Garsault,	2 f. 50 c.
Maroquinier, par Lalande,	2 f. 50 c.
Mégissier, par Lalande,	2 f.
Méthode (nouvelle) pour diviser les instrumens d'Astronomie, par le duc de Chaulnes,	3 f.
Meûnier, par Malouin,	3 f.
Mouleur en plâtre,	1 f. 50 c.
Papier (art de faire le), par Lalande,	4 f. 50 c.
Parcheminier, par Lalande,	2 f. 50 c.
Paumier et Raquetier, par Garsault,	2 f. 50 c.
Peinture sur verre, par Viel,	9 f.
Perruquier, Baigneur-étuviste, par Garsault,	3 f.
Pipes à tabac, par Duhamel, (sous presse),	»
Plombier-Fontainier, par M.,	10 f.
Porcelaines (Art de faire les), par de Milly, (sous presse),	»
Potier de terre, par Duhamel, (sous presse),	»
Raffinage du sucre, par le même,	1 f. 50 c.
Ratine des étoffes de laine, par le même,	2 f.
Relieur, par Dudin, (sous presse),	»
Savonnier, par Duhamel, (sous presse,	»
Serrurier, par Duhamel,	12 f.
Serrurier, ou Essai sur les combinaisons mécaniques, etc.,	5 f.
Tailleur, par Garsault,	4 f. 50 c.
Tanneur, par Lalande,	4 f. 50 c.
Tapis de la Savonnerie, par Duhamel,	3 f.
Teinture en soie, par Macquer,	20 f.
Tonnelier, par Fougeroux de Bondaroy,	2 f.
Tourbier, par Roland de la Platière,	3 f.
Tuillier et briquetier, par Duhamel, Fourcroy et Gallon,	3 f. 50 c.
Traité des Pêches, et Histoire des poissons, 3 vol.	50 f.
Vermicellier, par Manetti,	1 f. 75 c.
Vinaigrier, (sous presse),	»
Vitrier, par Viel,	3 f.

ART
DE
RAFFINER LE SUCRE,

PAR M. DUHAMEL DU MONCEAU;

NOUVELLE ÉDITION,

Augmentée de tout ce qui a été écrit de mieux sur ces matières, en Allemagne, en Angleterre, en Suisse, en Italie, etc.;

PAR J.-E. BERTRAND, PROFESSEUR DE BELLES-LETTRES A NEUCHATEL, MEMBRE DE L'ACADÉMIE DES SCIENCES DE MUNICH, etc.

Extrait de la Description des Arts et Métiers, faite ou approuvée par MM. de l'Académie impériale de Paris.

ORNÉ DE SIX PLANCHES EN TAILLE-DOUCE.

Y
1892.
3. E.

A PARIS,

Chez MORONVAL, Libraire, acquéreur du fonds de la Description des Arts et Métiers, quai des Augustins, n°. 25.

1812.

ART
DE
RAFFINER LE SUCRE (a).

INTRODUCTION.

1. Le sucre, dont on fait une si grande consommation, est le sel essentiel d'une espèce de roseau qu'on cultive à la Nouvelle-Espagne, au

(a) Je n'ai trouvé dans le dépôt de l'académie aucun mémoire sur la clarification du sucre, mais seulement deux *planches* gravées. J'ai fait usage de celle qui représente le moulin à écraser les cannes; quant à l'autre, le dessin en étoit si peu exact, que j'ai cru devoir la mettre au rebut. Ayant été obligé, il y a environ trente ans, de faire à Orléans un séjour d'une année, je m'étois fait un plaisir de suivre, avec M. Arnault de Nobleville, toutes les opérations des raffineries. C'est ce qui m'a déterminé à me charger, envers l'académie des sciences, de décrire l'art du raffineur; mais comme depuis trente ans, mes idées s'étoient fort embrouillées, j'avois un besoin absolu de me rafraîchir la mémoire de tous les procédés de cette manufacture; je me suis adressé, en repassant par Orléans, à M. de Vandbergue, qui m'offrit obligeamment l'entrée de sa raffinerie, et de m'y accompagner, pour m'aider à en mieux suivre toutes les opérations : j'acceptai avec reconnoissance une offre aussi généreuse, et en peu de jours, je me suis rappelé toutes mes anciennes idées. M. des Friches voulut bien m'aider de son crayon dans la représentation de toutes les opérations, et il m'a fait présent du dessin qu'il avoit fait des *figures* qui sont réunies dans la troisième *planche*, et encore des études qui représentent les attitudes de la plupart des ouvriers en besogne. De retour à Denainvilliers, et rempli de mon objet, j'ai rédigé l'art que je présente au public; et pour ne point abuser de sa confiance, j'ai communiqué mon manuscrit à M. de Nobleville, en le priant de le faire passer sous les yeux de M. de Vandbergue, mon premier maître, et ensuite à M. de Gueudreville, qui m'avoit promis de m'en dire son avis. J'ai profité des remarques que ces habiles gens ont bien voulu me communiquer, et dès-lors, je comptois sur l'exactitude de mon travail. Cependant, j'ai encore consulté M. Le Vasseur, et l'ai engagé à lire mon manuscrit; il m'a assuré que je pouvois le donner au public tel que je le lui présentois. Enfin, M. Soyer, ingénieur des ponts et chaussées, qui étoit alors à Orléans, a bien voulu me fournir le détail des étuves, tel qu'on le voit sur une des *planches*. Je satisfais mon inclination, en informant le public qu'il doit partager avec moi la reconnoissance qui est due à MM. de Vandbergue, de Gueudreville, de Nobleville, des Friches, et Soyer.

Brésil, à S. Christophe, à la Guadeloupe, à la Martinique, à S. Domingue (1), et dans presque toutes les colonies espagnoles, anglaises et françaises, qui sont situées entre les deux tropiques. Ce roseau s'appelle en français *canne à sucre* ou *cannamelle*, en latin, *arundo saccharifera*, C. B. p. *Arundo saccharina*, J. B. *Arundo et calamus saccharinus*. TAB. Ic. *Meli-Calamus*, CORD. *Canna mellea*, CÆS., etc. (2).

2. Ce roseau (3), comme toutes les autres plantes de la même classe, a ses fleurs rassemblées en épi; il n'a point de pétales, à moins qu'on ne regarde comme pétales les balles ou les feuillets intérieurs du calice; et, en ce cas, on peut dire que la canne à sucre en a deux, accompagnés de filets ou de poils; le calice est formé de plusieurs écailles, d'entre lesquelles sortent trois étamines chargées de sommets oblongs, qui se séparent en deux; le pistil est composé de deux stiles velus, recourbés, et terminés par des stigmates : à la base des stiles est un embryon oblong qui devient une semence pointue.

3. La canne à sucre, comme les autres espèces de roseaux, a des tiges droites, garnies de nœuds, d'où sortent des feuilles longues, minces, pointues, qui embrassent la tige par leur base. Au lieu que la substance de nos roseaux est peu succulente et assez ferme, puisqu'on en forme des cannes pour la promenade; les tiges de la canne à sucre ont peu de consistance : on enfonce aisément l'ongle sur leur superficie, et elles sont presqu'entièrement formées par une moëlle ou pulpe succulente, dont la saveur est douce et sucrée : c'est en ce point que consiste principalement leur utilité.

(1) Il n'y a que les Français à Saint-Domingue qui fabriquent du sucre en quantité pour l'Europe. Il y a 723 sucreries, qui, en 1773, produisaient 240 millions de sucre brut et terré. Les Espagnols, dans leurs possessions, s'adonnent plutôt à élever et nourrir des bestiaux, des bœufs, des vaches, des chevaux, des mulets et des ânes. Ils salent, sèchent et vendent beaucoup de viande de bœuf. *N. B.* La plupart de ces notes ont été fournies par un gentilhomme suisse, qui a habité 35 ans à S. Domingue.

(2) Dans l'Europe, il n'y a que l'Andalousie où l'on cultive quelques cannes à sucre.

(3) Les anciens ont donné le nom général d'*arundo* à ces cannes, qui leur étoient certainement connues. Théophraste et Pline nous apprennent qu'on faisoit usage du suc de ce roseau. C'est de ce suc dont Lucien entend parler, lorsqu'il dit :

Quique bibunt tenerâ dulces ab arundine succos.

Mais les anciens n'avoient point l'art de condenser ce suc, de le purifier, et de le réduire dans une masse blanche, concrète et solide, qui est une sorte de cristallisation, que nous appelons sucre. Le *sacchar arundineum* des Arabes, ou le *tabarzed*, dont Avicenne fait mention, ne semblent pas différer des cannes à sucre; mais le *tabaxir*, ou l'*arundo mambu* est un arbrisseau, dont parle aussi Avicenne, qui donne un suc laiteux et doux; c'est l'*ili* de l'*Hortus Malabaricus*, où l'on en peut voir la description, aussi-bien que dans Pison, sous le nom d'*arundo mambu*, et dans Bauhin, sous celui d'*arundo arbor*. Le *zacchar alhusser* est une sorte de manne ou larme sucrée qui découle d'un autre arbrisseau en Arabie et en Egypte. Alpin le décrit dans son ouvrage sur les plantes de l'Egypte.

4. La hauteur et la grosseur de ces cannes dépendent de la fertilité du terrain (4) ; on en a vu qui avoient jusqu'à vingt pieds de longueur, et qui pesoient plus de vingt livres : plus elles sont exposées au soleil, plus elles sont sucrées. Cependant, pour en retirer aisément de bon sucre, il faut les cueillir en bonne saison (5) ; et quand elles sont parvenues à un certain degré de maturité, ce qu'on reconnoît à leur couleur, qui doit être jaune, leur tige doit être lisse, sèche et cassante. Les plus pesantes sont les meilleures : la moëlle en doit être grise, et même un peu brune, gluante, et d'une saveur très douce. La nature du terrain contribue beaucoup à la bonne qualité des cannes. Dans les terres grasses et fortes, les cannes deviennent très hautes ; mais leur suc qui est abondant, donne difficilement un sucre bien grené : au contraire, les cannes qui ont crû sur un terrain un peu plus léger, qui est en pente, qui a beaucoup de fond, et qui est exposé au soleil, fournissent du sucre grené en abondance et avec facilité. Comme ce n'est pas ici le lieu de s'étendre sur ce qui résulte de la différente nature des terrains, je me bornerai à dire en général, que dans ceux qui sont humides, le suc des cannes, très chargé de phlegme, a besoin de beaucoup de cuisson ; et que dans les terrains fort secs, comme le suc est très gluant, il faut quelquefois l'étendre avec un peu d'eau, pour pouvoir le clarifier.

(4) On appelle les cannes d'une grandeur extraordinaire des *cannes créoles* : elles viennent ainsi dans les terres vierges trop grasses. Elles sont moins propres à faire du sucre, parcequ'il se fige difficilement, étant trop aqueux, et manquant de *grain*. On les cuit par cette raison en sirop. Pour éviter cet inconvénient, les habitans de S. Domingue plantent rarement des cannes dans les terrains vierges. On commence par y semer de l'indigo, aussi longtemps que la terre peut produire des récoltes passables. Quand la récolte commence à être insuffisante, on plante les cannes qui croissent de boutures. On plante aussi du coton, pour préparer la terre à élever des cannes, ou bien du rocou, ou tout autre végétal propre à dégraisser la terre. On a aussi l'attention de brûler sur la surface du terrain les broussailles et les sarclages.

(5) On cueille et on roule les cannes dans les grandes plantations, et on cuit le sucre toute l'année, au fur et à mesure que l'on coupe les roseaux qui fournissent le chauffage des chaudières. Ainsi, les habitans ne sont pas absolument les maîtres de choisir la saison de la récolte pour la fabrication du sucre. Ils ont seulement l'attention de forcer la culture et le travail pour rouler le plus de cannes qu'il est possible aux environs du printemps, saison la plus favorable dans laquelle le sucre prend le plus de grain. Mais les cannes plantées pour rouler toute l'année, mûrissent les unes après les autres, et sont coupées dans toutes les saisons. Les raffineurs de l'Europe connoissent, au plus ou moins de grain qu'ont les sucres bruts, la saison où ils ont été faits. Les grandes sucreries de S. Domingue ont jusqu'à quatre moulins à mulets, qui vont jour et nuit, pendant toute l'année, mais qui profitent le plus qu'ils peuvent de la bonne saison. Il faut jusqu'à trente mulets pour faire aller bien un moulin. Ceux qui ont l'avantage d'avoir un moulin à eau, font l'ouvrage de trois moulins à mulets.

5. Quand le terrain qu'on veut mettre en cannes a été bien labouré et essarté, on trace au cordeau des traits à la distance de deux pieds les uns des autres, si la terre est maigre, ou de trois pieds et demi, si elle est très bonne. On fait, suivant la direction de ces traits, des fosses d'environ quinze pouces de longueur, de quatre à cinq pouces de largeur, et de sept à huit de profondeur. On plante dans chaque fosse deux boutures de canne, de quinze à dix-huit pouces de longueur, et on les place de manière qu'on voie sortir à chaque extrémité de la fosse un bout de canne d'environ quatre pouces de longueur. Comme les racines partent et sortent presque toujours des nœuds, on estime les boutures qui en ont beaucoup; c'est pour cela qu'on les prend par préférence dans le haut des cannes, au-dessous de l'épi: mais on peut immédiatement se dispenser de cette attention, et tirer plusieurs boutures d'une même canne.

6. Le vrai temps de planter les cannes est la saison des pluies; car au bout de huit jours qu'elles ont été plantées, s'il tombe de l'eau, elles auront déjà fait des productions (6). Il faut sarcler soigneusement les cannes, et tant qu'il y croît de l'herbe; on est en partie débarrassé de ce soin, quand elles sont devenues assez fortes pour étouffer l'herbe qui croîtroit sous elles. On doit encore éloigner toute espèce de bétail de ces plantations, et faire la chasse aux rats, qui sont très friands de ces cannes (7). Ce que je viens de rapporter, doit suffire pour donner une idée de la culture de cette plante: disons maintenant un mot de sa récolte.

7. On coupe les cannes au bout de quatorze, quinze ou seize mois; en un mot, toutes les fois qu'elles sont parvenues au point de maturité que nous avons indiqué; car il y a plus d'inconvénient de les couper trop vertes que trop mûres (8).

(6) Les habitans qui ont de l'eau pour arroser leurs cannes en toute saison, ont un avantage inappréciable. Ils plantent et recueillent en toute saison. Jamais leur plantation ne souffre de la sécheresse; mais pour cela, il faut que le terrain soit égalisé en pente avec des canaux de décharge, pour que l'eau ne séjourne nulle part. Il en est comme des prairies en Europe: si le terrain est plat, il ne peut être arrosé avec succès. Il n'y a que les risières plates qui puissent être arrosées sans dommage. M. Miller fait de bonnes observations sur la culture des cannes. Nous y renvoyons ceux qui voudront s'instruire sur ce sujet.

(7) Les habitans de S. Domingue, qui connoissent l'utilité des couleuvres pour détruire les rats, ont soin de les faire prendre dans les endroits écartés, par les Nègres de la nation Arada, qui, comme les Egyptiens, les ont en grande vénération. Ils portent ces amphibies dans les plantations des cannes. Ces couleuvres font la chasse aux rats, dont elles sont friandes, et elles les mangent ou les mettent en fuite. C'est sur-tout quand les cannes commencent à mûrir qu'il faut avoir attention de détruire les rats.

(8) Si on laisse trop mûrir ou passer les cannes, le sucre ne se fait pas si facilement, et n'est point si beau.

8. Dans les terres maigres et qui ont peu de fond, il faut replanter les cannes après la seconde coupe; mais elles subsistent vingt ans et plus dans les bons terrains, les vieilles souches poussant jusqu'à quinze tiges: on doit avoir soin de les rechausser toutes les fois qu'elles se montrent trop hors de terre (9).

9. Pour se préparer à faire la récolte des cannes, on arrache les lianes qui pourroient y être crûes depuis le dernier sarclage; quelque temps après, on coupe les tiges des cannes avec une serpe; on les lie par bottes, et on les porte au moulin, pour en retirer le suc le plus tôt qu'il est possible; car on éprouveroit une perte considérable, si elles venoient à s'échauffer et à fermenter (10).

10. Quand les cannes sont cueillies, il faut en exprimer le suc, ce qui s'exécute en les faisant passer entre de gros rouleaux ou cylindres de fer KIK, *pl.* I, *fig.* I, qui, par leurs révolutions, engagent entre eux ces cannes, les brisent et les pressent fortement, dans un espace qui n'est guère que d'une ligne ou une ligne et demie: le suc qui en est exprimé tombe dans une auge destinée à le recevoir. Comme il y a trois rouleaux à chaque moulin, on fait passer chaque canne entre deux de ces rouleaux, celui du milieu I, et un des côtés K; une négresse la reçoit de l'autre côté du moulin; elle la plie en deux, et la fait repasser du côté d'où elle étoit venue, entre le rouleau du milieu et le rouleau de l'autre côté K: alors elle a rendu tout son suc. La canne dont le suc a été exprimé se nomme *bagasse*: on la fait sécher, pour la brûler sous les chaudières (11).

11. Comme le suc de canne a une grande disposition à fermenter et à s'aigrir, on lave souvent le moulin, pour ôter toute cause de fermentation, et il faut sans différer mettre le suc dans les chaudières pour le cuire.

12. Le suc de canne, qu'on nomme aussi *le vin de canne* ou le *vesou*, est une liqueur agréable à boire, et qui passe pour être fort saine. Le vesou est plus ou moins doux, plus ou moins sucré, suivant la maturité des cannes, et le terrain où elles ont crû: ainsi, il y a tel vesou qui

(9) Les frais de l'arrangement du terrain et de la plantation étant fort considérables, tout terrain qui ne peut pas reproduire des cannes pendant quatre ans, ne mérite pas d'être planté en cannes.

(10) Les cannes coupées sont portées en javelles ou fagots, par des bœufs, jusque sur les bords des plantations: là, elles sont chargées sur des tombereaux ou cabrouets, qui n'entrent point dans la plantation, pour éviter que les roues n'écrasent les rejetons naissans.

(11) Le cylindre du milieu, dans les moulins de S. Domingue, est plus gros que les deux autres; son diamètre est plus grand. On a trouvé que, par ce moyen nouvellement adopté, l'ouvrage se fait plus exactement et plus vîte.

a besoin d'être plus cuit qu'un autre; tous doivent être dégraissés et clarifiés; enfin, être suffisamment concentrés par la cuisson, pour que le sel essentiel se sépare, au moins en partie, du sirop, et qu'il se cristallise.

13. Ces différentes opérations s'exécutent en faisant passer le vesou successivement dans différentes chaudières. Pour concevoir ce qui s'y opère, il faut savoir que le vesou est composé du sel essentiel de la canne, dissous dans beaucoup de phlegme, et mêlé avec une substance grasse et sirupeuse (*a*). Or, un sel étendu dans une trop grande quantité d'eau, ne se crystallise pas, et la substance sirupeuse fait encore un plus grand obstacle à la cristallisation : de plus, cette matière grasse, étendue dans une suffisante quantité d'eau, excite fortement la fermentation. Ce qui fait appercevoir que, pour obtenir le sel essentiel cristallisé ou grené, et dans un état où il ne puisse point être altéré par la fermentation, il faut le concentrer et le débarrasser de la substance grasse ou muqueuse la plus grossière : je dis, *la plus grossière*; car il en reste toujours beaucoup dans le sucre, puisqu'il est inflammable, et qu'il est toujours susceptible de fermentation, quand on l'étend dans suffisante quantité d'eau. Si les sirops et les confitures qu'on fait avec des sucres peu raffinés, comme sont les cassonades grises, sont peu sujets à se candir, c'est parceque la substance grasse ou muqueuse qu'ils contiennent, forme un obstacle à la cristallisation : si les sirops et les confitures peu cuits sont sujets à fermenter et à s'aigrir, c'est qu'ils contiennent assez de flegme pour que la fermentation s'opère : si l'on retire beaucoup d'esprit ardent des gros sirops et du vesou, c'est qu'ils contiennent beaucoup de matière grasse ou muqueuse, qui, par la fermentation, produit de l'esprit ardent : si les confitures et les sirops qu'on fait avec de beau sucre bien clarifié, sont sujets à se candir, c'est que la substance muqueuse qui en est enlevée par la clarification facilite cette cristallisation.

14. Munis de ces connoissances, parcourons rapidement les différentes opérations qui se font dans les sucreries des îles (12). Le suc de canne

(*a*) Quand, dans la suite de ce mémoire, je parlerai d'une substance grasse, il ne faut pas prendre l'idée d'une matière analogue à la graisse des animaux : c'est une substance muqueuse qui a grande disposition à fermenter, et qui fait obstacle à la crystallisation du sucre.

(12) Il semble qu'il eût été naturel que le célèbre auteur de cette description du raffinage du sucre se fût procuré des mémoires exacts et suivis de tout ce qui se fait dans les Indes par les Français et les Anglais, par rapport au sucre et ses diverses préparations. Ces connoissances auroient fait la première partie d'un ouvrage bien plus intéressant et plus complet. Les raffineurs de l'Europe, mieux instruits, auroient pu perfectionner leur art. Ce n'est pas assez pour le perfectionnement des arts, de décrire avec soin ce qui se fait dans une partie du monde; il faudroit toujours, pour donner lieu à des

se rassemble dans le réservoir H, *pl.* 1, *fig.* 1, et KK, *fig.* 2. On le puise dans ce réservoir, et on remplit une grande chaudière 5 avec le vesou qu'on a recueilli au sortir du moulin, dans un bac ou réservoir K, *fig.* 2; quelquefois même ce vesou coule de lui-même, et à mesure qu'on l'exprime dans la grande chaudière F.

15. Suivant sa qualité plus ou moins grasse, on verse dedans de la lessive de chaux et de cendre, même quelquefois de la chaux, de la cendre pure, et de l'alun (13); puis on lève les écumes.

16. On passe successivement le sirop dans plusieurs chaudières 4, 3, 2, 1, ajoutant toujours de la lessive de chaux et de cendre, et écumant avec soin. Lorsque le sirop a été bien clarifié dans la dernière chaudière 1, on le met à son degré de cuisson, et on le dépose dans un bac pour se rafraîchir. Si le vesou est bien cuit et bien dégraissé, il s'y forme une épaisse croûte de sucre; il se dépose du grain sur les côtés; il s'en précipite au fond : mais si le sirop a été mal dégraissé, ou s'il n'a pas été cuit à son degré précis, alors le grain ne se sépare du sirop (*a*) qu'imparfaitement, et quand il est tout-à-fait refroidi. Quoi qu'il en soit, on remue fortement le grain avec le sirop, et l'on transporte avec des bassins le sirop encore chaud, dans des canots qui sont à l'endroit où l'on doit emplir les barriques (14).

comparaisons utiles, développer, exposer, détailler ce qui se fait par-tout ailleurs, relativement aux mêmes objets. L'exposé des diverses préparations des matières qu'on envoie en Europe pour les raffineries, auroit certainement donné aux raffineurs européens de nouvelles idées, qui auroient pu servir à la perfection de l'art. Nous aurions même entrepris cet ouvrage, si nous n'avions pas senti qu'il feroit un supplément aussi étendu que la description à laquelle il auroit été ajouté. La crainte d'être blâmés par quelques lecteurs, nous a forcés de nous borner à joindre seulement quelques notes au texte. On trouvera quelques lumières dans l'article *Sucre* de l'Encyclopédie de Paris, dans Miller : voyez encore *Réflexions politiques sur le commerce des colonies de France*, par M. Weuve, chap. XIII, jusqu'au XVIII.

(13) On n'emploie à S. Domingue aucun alun dans la fabrication du sucre. On le regarde même comme nuisible à la santé. L'alun est un sel composé d'acide vitriolique uni à une terre argileuse : il est fort astringent, et sa causticité n'est pas moins grande. Plusieurs médecins de réputation en condamnent l'usage intérieur dans la médecine, quoiqu'administré en très petite dose : tels sont MM. Cartheuser et Baron. D'autres médecins en admettent l'usage avec précaution, en certains cas seulement, et en fort petite dose.

(*a*) Je sais que, dans les raffineries, on appelle le sirop une substance visqueuse ou muqueuse qui se sépare du grain; mais comme on a coutume de nommer sirop le sucre fondu dans l'eau, et qui n'est point cristallisé, je ne ferai point difficulté d'employer quelquefois ce terme dans cette signification.

(14) Le moyen le plus sûr de tirer de beau sucre des cannes après la lessive faite, c'est de jeter dans les chaudières qui sont sur le feu, lorsqu'elles commencent à frémir avant le bouillonnement, une grande quantité d'eau avec un seau : ce qui fait monter sur-le-champ l'écume, qui, par cette méthode, peut être enlevée d'un seul coup d'écumoire, au lieu de cinquante qu'il en faut donner, lorsqu'on n'emploie pas cette eau froide. Il est certain que, plus

17. Quand le sirop est assez refroidi pour qu'on puisse y tenir le doigt, on emplit les barriques qui sont défoncées d'un bout, et posées ce bout en haut, l'autre repose sur un plancher de grillage qui couvre une grande citerne où doivent se rassembler les sirops.

18. On fait au fond des barriques qui posent sur le grillage, deux ou trois trous dans lesquels on passe quelques cannes, pour que le sirop puisse s'écouler sans emporter le grain.

19. On emplit, comme je l'ai dit, ces barriques du sirop qui est dans les canots, lorsque son degré de chaleur permet d'y tenir le doigt: car, si on le versoit trop chaud, et avant que le grain fût formé, on perdroit beaucoup de sucre, qui tomberoit avec le sirop dans la citerne. Si on le laissoit trop refroidir, le sirop congelé resteroit en grande partie avec le grain; mais, quand on observe le degré que nous venons d'indiquer, une partie du sirop coule dans la citerne, et il reste dans les barriques un sel essentiel plus ou moins brun, qu'on nomme *le sucre brut*, ou *la moscouade*. Plus il y a de grains, moins la moscouade baisse dans les barriques: mais elle baisse nécessairement dans toutes les barriques; ce qui oblige de les remplir avec de la moscouade, qu'on tire de quelques barriques qui ont purgé leur sirop.

20. On fonce les barriques (15) après qu'elles se sont purgées, et on les envoie aux raffineurs d'Europe. On conçoit aisément qu'il doit y avoir de ces moscouades de bien des qualités différentes, suivant la nature du terrain qui a produit les cannes, suivant l'habileté du raffineur, qui a mieux dégraissé le vesou et cuit le sirop à un point convenable, et suivant qu'on a laissé le grain se purger plus ou moins de son sirop; car une belle moscouade peut fournir plus de $\frac{2}{5}$ de sucre blanc, pendant que d'autres tombent presqu'entièrement en sirop. La bonté du sucre brut, ou de la moscouade, consiste en ce que le grain soit gros, qu'il soit clair et tirant sur le blanc, qu'il soit dur, sec, et bien purgé de sirop: de plus, il ne doit point sentir le brûlé, ni avoir d'aigreur.

21. Comme la principale perfection des sucres bruts dépend de ce qu'ils soient plus purgés de sirop, on a pris l'habitude de mettre le vesou clarifié et cuit en sirop dans de grandes formes, et de le terrer (16),

on jette d'eau dans ces chaudières, plus aisément on les écume, et plus le sucre devient beau. C'est aujourd'hui une pratique adoptée à S. Domingue.

(15) L'édition de Paris dit, *on enfonce les barriques*. Enfoncer, c'est rompre avec effort; foncer une barrique, c'est y mettre, y ajuster, y adapter le fond. On fonce un tonneau, on enfonce une porte.

(16) Pour terrer le sucre dans les formes qui sont des cônes, on les renverse la pointe en bas; on met sur le fond ou la base une terre argileuse pure, qui ne fasse aucune effervescence avec les acides végétaux: elle doit être blanche, être détrempée à propos, retenir un peu l'eau, la laisser cependant écouler peu à peu: cette eau, en s'échappant, emporte insensiblement le sirop, et le dégage des grains du sucre, qui reste plus pur et plus blanc.

ensuite on casse les têtes des pains, qui sont restées brunes ; et après avoir desséché les pains à l'étuve, on les pile pour en faire des cassonades plus ou moins blanches, suivant le soin qu'on a pris à clarifier le sirop et à le terrer : ainsi, ces cassonades ne sont autre chose que du sucre mis en poudre. On retire aussi aux îles du sucre des écumes et des sirops qui se sont écoulés dans la citerne : on clarifie même du sucre comme en Europe. Mais je ne m'étendrai point sur tous ces articles, parcequ'ils seront compris dans l'art du raffineur, qui fait l'unique objet de cet ouvrage ; tout ce que nous avons dit du travail qui se fait en Amérique, n'étant que pour faire comprendre d'où dépendent les différences qu'on aperçoit entre les moscouades et les cassonades qu'on apporte en Europe. Le travail des sucreries et des raffineries des îles devant être traité à part par quelque observateur qui sera à portée de travailler sur les lieux mêmes, je me contenterai de dire qu'on reçoit des îles, 1°. du sucre brut, ou moscouade ; 2°. du sucre passé, ou cassonade grise ; 3°. du sucre terré, ou cassonade blanche ; 4°. du sucre raffiné et pilé (17).

Cette argile ressemble à la terre à pipe d'Angleterre, ou à celle dont on fait les pipes à Goudaou, à Rouen.

(17) Avant d'entrer dans le détail du raffinage du sucre de cannes, nous ferons ici quelques observations générales sur le sucre. Le sucre en général est un sel essentiel, cristallisable, d'une saveur douce et agréable, dissoluble dans l'eau, contenu plus ou moins abondamment dans les sucs de grand nombre de végétaux : celui qui en renferme la plus grande quantité qui nous soit connue, est le roseau décrit ci-dessus, qui croît dans les pays chauds, et que l'on nomme *canne à sucre*. Il est susceptible de cristallisation, lorsqu'on le fait cristalliser régulièrement. Il forme alors de grands cristaux cubiques, et c'est ce que l'on nomme *sucre candi*, de couleur blanchâtre, ou plus rouge, selon la méthode qu'on a suivie. Le sucre paroît composé d'un acide uni à une quantité de terre atténuée, et dans un état mucilagineux, avec une certaine quantité d'une huile douce et non volatile, laquelle est dans un état entièrement savonneux, c'est-à-dire dans l'état d'une entière dissolution dans l'eau, par l'intermède de l'acide. Ce sel est encore fort susceptible de la fermentation spiritueuse, quand on l'étend dans une suffisante quantité d'eau ; et, comme toutes les matières capables d'une fermentation de même nature, c'est une substance qui peut servir à la nourriture des animaux. J'ai dit que le sucre étoit plus ou moins contenu dans diverses sortes de végétaux : tels sont les navets, les poids verds, les choux, les plantes à graines farineuses, lorsqu'elles sont vertes, les panais, toutes les espèces de carottes, le chervi, la poirée blanche, et la poirée rouge, ou betterave ; telles encore diverses racines que les sauvages mangent, et que nous connoissons peu. M. Margraf a fait diverses expériences sur plusieurs de ces plantes, par des solutions, des clarifications, des égouttemens, et des imbibitions, pour en extraire le sucre. Voyez dans ses opuscules traduites en français, la huitième dissertation ; voyez aussi les Mémoires de l'Académie de Berlin, 1747, Magasin de Hambourg, tome VIII. Divers arbres et arbustes peuvent aussi fournir du sucre ; tels l'érable, le bouleau et d'autres ; tels le *roseau-arbre* ou le *roseau-mambu* des Arabes, et l'*apocinum* des Egyptiens. Les sauvages et les Français du Canada tirent du sucre d'une sorte d'érable, nommé par les Anglais *sugar maple*, par les Iroquois, *oseckéta*, et décrit

Réception des barriques.

22. Quand les barriques de sucre arrivent dans la raffinerie, on les pèse pour vérifier si la réception est conforme à la facture, et on les dépose dans un magasin bas ou dans un sellier qui doit être sec. On les y arrange, en les engerbant les unes sur les autres, comme on le voit, *pl.* II, *fig.* I, par la porte d'un pareil magasin qu'on a laissée ouverte dans la *figure*, pour qu'on puisse apercevoir cet arrangement. Ces barriques restent dans ce magasin, où l'on a rangé séparément les moscouades et les cassonades blanches. Il est d'une grande conséquence que les magasins dans lesquels on met les sucres bruts soient carrelés et disposés en pente; et que, dans la partie la plus basse du magasin, il y ait un ou deux trous enfoncés d'une couple de pieds en terre, dans lesquels se rassemblent les sirops, qui ne cessent de couler des barriques de sucre brut que quand les barriques sont cassées. Sans cela, on seroit dans une mal-propreté extrême, et l'on ne pourroit approcher des barriques, ni les rouler, sans être pris comme à la glu; au lieu que le sirop s'égouttant dans les trous dont on vient de parler, on a soin de l'en retirer à mesure qu'ils s'emplissent: avec cette attention, le magasin reste propre, et il n'y a rien de perdu. On reçoit des sucres bruts et blancs dans des barriques qui ne pèsent que 700 à 800 lorsqu'elles viennent de la Martinique; les sucres bruts et blancs de S. Domingue arrivent dans des barriques de 1200 à 1500.

Du lieu où sont placés les bacs à sucre, et du travail qu'on y fait.

23. Dans le magasin que nous venons de décrire, ou bien à côté, on construit en colombage, revêtu de bonnes planches de chêne, quatre bacs pour la moscouade, et deux pour la cassonade: ces bacs sont des loges qui ont environ douze pieds en quarré; elles sont revêtues de planches arrêtées à demeure sur trois de leurs côtés; le plancher du bac

par Ray sous le nom d'*acer montanum candidum*. C'est l'*érable rouge*, *plaine*, ou *plane* des Français. Il y a encore une autre espèce d'érable à sucre, que Gronovius et le chevalier Linné désignent par *acer folio palmato angulato*, *flore ferè appellato fossili*, *fructu pedunculato corymboso*. Gronov. *Flora Virgin.*, 41, et Linn. *Hort. Upsal.*, 49. Voyez les Mémoires de l'Académie de Stockholm, Mémoires de M. Kalm, année 1751, tome XIII. Nous ne faisons qu'indiquer rapidement ces plantes à sucre, pour servir de supplément à notre auteur qui n'en a point parlé, comme si le roseau qu'il décrit étoit la seule plante qui pût fournir du sucre: c'est la seule, il est vrai, qui le donne en quantité et avec profit.

est aussi planchéié, et forme un gradin élevé d'environ six pouces au-dessus du plancher de la chambre : le devant est ouvert ; mais, à mesure qu'on met du sucre dans les bacs, on pose horizontalement sur le devant des planches dont les deux bouts sont reçus dans de profondes rainures pratiquées sur une des faces des poteaux qui forment le devant des cloisons qui séparent les bacs : ainsi, le devant de ces bacs se ferme comme la plupart des boutiques de marchands, à cela près que les planches, au lieu d'être posées verticalement, le sont horizontalement.

24. On voit dans la *pl.* 2, *fig.* 2, trois bacs pour le sucre brut ou la moscouade ; celui marqué A est presque plein, et garni de planches jusque vers le haut ; celui coté B n'est rempli qu'à demi, et n'est garni de planches que jusqu'à la moitié de sa hauteur ; celui marqué C est presque vide, et n'est garni que des deux premières planches.

25. Ces bacs sont destinés à recevoir les moscouades de différentes qualités. On les distingue en quatre classes : l'un se nomme *le deux* ; c'est dans celui-là qu'on met le plus beau sucre et de la première qualité, dont on fait les pains de deux livres ; l'autre se nomme *le trois*, c'est-à-dire, que le sucre qu'il contient est employé à faire des pains de trois livres, et est réputé de la seconde sorte.

26. Le troisième bac se nomme *le quatre* ou *le sept* : la moscouade qu'on y dépose s'emploie à faire les gros pains de ce poids.

27. On met dans le quatrième bac la moscouade la plus brune et la plus grasse qui se trouve dans la couche des barriques où le sirop se dépose plus qu'ailleurs ; on la nomme *barboutte*, parcequ'on en fait de gros pains qui portent ce nom, et qui pèsent cinquante à soixante livres, lorsqu'ils sont purgés de leur sirop : il y en a même de septante et plus. On verra dans la suite, que ces gros pains, après qu'ils ont été bien purgés de leur sirop, sont employés comme matière première, pour fabriquer le sucre raffiné.

28. Il est bon d'être prévenu que les dénominations de *deux*, de *trois*, de *quatre* et de *sept* sont imaginaires : elles ne servent qu'à désigner les différentes natures de sucre brut ; car on verra ci-après qu'on peut faire de beau sucre et de petits pains avec la moscouade qui a été déposée dans le bac pour le numéro *quatre*. Il n'y a que le sucre appelé *barboutte*, qu'on ne peut se dispenser de fondre pour le rendre propre au raffinage.

29. Les dénominations de pains en *petit deux* et *grand deux*, de même qu'en *trois*, *quatre* et *sept*, n'ont pas même de relation avec le véritable poids des sucres raffinés ; car le *petit deux* pèse depuis deux livres et demie jusqu'à deux livres trois quarts ; le *grand deux*, quatre livres à quatre livres et demie ; le *trois*, environ six livres et demie ; le *quatre*, dix livres ; et le *sept*, entre seize et dix-huit livres.

30. A l'égard des cassonades, il y a bien des raffineries où l'on ne fait point de triage; alors, on peut se contenter de n'avoir qu'un seul bac; dans d'autres, où l'on met à part les plus belles cassonades blanches pour les raisons que nous expliquerons dans la suite, on a deux bacs, le second servant à recevoir les cassonnades grises ou qui sont un peu grasses. Au reste, les bacs pour les cassonades sont entièrement semblables à ceux qui servent pour les moscouades.

On roule les barriques du magasin, *pl.* 2, *fig.* 1, devant les bacs à sucre, *fig.* 3; on les dresse sur un de leurs bouts, puis on les casse comme nous allons le dire (*a*).

Manière de casser les barriques, et de faire le tri.

32. Les barriques étant dressées vis-à-vis les bacs, sur un de leurs bouts, plusieurs ouvriers emportent, avec une espèce de couperet qu'on nomme *serpe*, d'autres, avec un tire-clou ou pied de biche, détachent le cercle qui est arrêté avec des clous dans le jable; ils enlèvent le fond supérieur; ensuite, à grands coups de serpe, ils coupent les cercles qui sont autour de la partie supérieure de la barrique, à la réserve de deux; ils retournent ensuite la barrique sur l'autre bout; ils enlèvent le second fond, coupent les cercles, à la réserve des deux ci-dessus, et ils arrachent les clous qui les tiennent; puis ils coupent ces deux cercles réservés vers la partie supérieure des barriques, laquelle se trouve pour lors en bas. Aussitôt les douves s'écartent par le poids du sucre qui tombe en un monceau.

33. Les mêmes ouvriers ramassent les douves les unes après les autres, et ils les ratissent avec le tranchant de la serpe ou avec une truelle, pour en détacher le sucre qui y seroit resté attaché, *pl.* 2, *fig.* 6; et ils jettent à l'écart les cercles et les douves, qui serviront à allumer le feu sous les chaudières.

34. Sur-le-champ, d'autres ouvriers, comme on en voit un, *fig.* 7, séparent avec des pelles ou même avec les mains, les différentes qualités de sucre qui se trouvent dans les barriques; une même barrique contient souvent du *deux*, du *trois*, du *quatre*, du *sept*, et du gras, ou *barboutte*. Autrefois on faisoit ce triage avec beaucoup de soin; mais maintenant on n'y apporte pas beaucoup d'attention. Les ouvriers mettent avec leurs pelles chaque sorte de moscouade dans le bac qui lui convient; c'est ce qu'on appelle dans les raffineries *faire le tri*, ou *trier le sucre*.

(*a*) *Casser les barriques* est le terme reçu dans les raffineries, ainsi que *faire le tri*, pour dire trier les différentes espèces de moscouade et de cassonade.

35. Pour terminer ce qui regarde cet article, supposons que chaque sorte de moscouades ou de cassonades est mise dans les bacs, et qu'on va commencer un raffinage. Il faut porter le sucre aux chaudières : pour cela on met vis-à-vis les bacs un bloc, et dessus un baquet H. Deux ouvriers mettent avec des pelles du sucre brut dans le baquet (*a*), pendant que les autres successivement prenant le baquet, comme on le voit *fig.* 11, le portent aux chaudières.

36. Dans le même endroit où sont les bacs, ou tout auprès, il y a la pile pour mettre les cassonades blanches en poudre, et le crible pour les passer ; mais comme ces sucres en poudre sont destinés à former le fond des pains, nous remettrons à en parler dans le lieu qui est destiné à décrire cette opération.

De l'atelier (ou halle aux chaudières), où l'on clarifie et où l'on cuit le sucre.

37. On se sert, pour porter les moscouades ou les cassonades aux chaudières, d'un baquet fait de bois blanc et léger, cerclé de fer, et garni de deux anses par où deux hommes le prennent et le posent sur le bloc ; et quand il est rempli par ceux qui ont les pelles en main, l'un tournant le dos au baquet, et l'autre le prenant devant lui, ils saisissent le baquet par le jable, comme on le voit, et ils le portent à la chaudière.

38. On a mis devant la chaudière, *pl.* 3, *fig.* 1, une planche *a*, appelée *collet*, échancrée circulairement d'un côté, pour embrasser la rondeur de la chaudière ; et de l'autre côté, cette planche est taillée quarrément. Son usage est d'empêcher les baquets, qui ont une certaine pesanteur, d'endommager la table de plomb qui couvre la banquette au-devant des chaudières. Dans quelques raffineries, on met une hausse *b* sur le collet, et les ouvriers qui apportent les baquets remplis de sucre, les posent sur cette hausse : après quoi, ils montent sur des marche-pieds semblables à *c* ; ils enlèvent les baquets et versent le sucre dans la chaudière. L'usage de cette hausse est tout à fait inconnu dans bien des raffineries. Les mêmes *serviteurs* qui apportent le sucre dans des baquets, les posent sur le collet, puis ils l'enlèvent eux-mêmes jusqu'au bord de la chaudière, et le vident en l'inclinant avec précaution. On épargne par-là deux hommes qui sont en pure perte, montés sur les plombs ou sur des marche-pieds, pour attendre et vider les baquets. C'est pour cela qu'il est avantageux que les chaudières

(*a*) Il est tout aussi commode d'emplir les baquets avant de les poser sur le bloc : on est même moins exposé à répandre le sucre par-dessus les bords, et à fouler sous les pieds celui qui peut tomber.

soient enfoncées en terre; celles qui sont trop élevées exigent qu'on monte sur un gradin *c* : les chaudières de la *pl.* 2 sont assez basses pour qu'on puisse se passer des gradins qui sont nécessaires pour servir les chaudières de la *pl.* 3.

39. Lorsqu'on mêle avec le sucre brut des sirops fins qui se sont écoulés des sucres raffinés, on met sur la chaudière, *pl.* 3, *fig.* 4, qu'on veut remplir, deux pièces de bois assemblées avec des entretoises, *fig.* 5, sur l'évasement qui est au-dessus de cette chaudière : ces pièces se nomment *le porteur ;* et on arrange dessus six pots remplis de sirop, afin qu'ils aient le temps de s'égoutter dans la chaudière chargée déjà de son eau de chaux ; car l'eau de chaux se met avant tout dans les chaudières. L'eau de chaux demande un détail particulier ; mais auparavant, il est à propos de donner une idée générale de la disposition de l'atelier où sont les chaudières destinées, soit pour clarifier, soit pour cuire le sucre, tel qu'il est représenté dans la *pl.* 2, dessinée avec beaucoup de soin par M. des Friches, qui joint à une grande sagacité pour le dessin, beaucoup de connoissances sur l'art que nous traitons.

Description de l'atelier où sont les chaudières.

40. On voit dans cet atelier, *pl.* 2, *fig.* 4, une ou deux grandes cuves qui servent à faire l'eau de chaux : on les nomme pour cette raison *bacs à chaux.* Dans quelques raffineries, le bac à chaux est un bassin de maçonnerie : on se procureroit une grande commodité, si ce bassin pouvoit être assez élevé pour qu'étant percé au tiers de sa hauteur, l'eau de chaux pût se rendre par un tuyau dans les chaudières.

41. Comme cet atelier doit être tout près de celui où sont les bacs à sucre, on voit dans la *pl.* 2, *fig.* 11, la porte qui communique de l'un à l'autre, et un serviteur qui remporte un baquet vide. Cette même porte est représentée dans la vignette inférieure, *fig.* 11, avec deux serviteurs qui portent un baquet plein. Il est bon aussi d'avoir auprès du même endroit *l'empli*, c'est-à-dire l'endroit dans lequel on met le sucre dans les formes : on voit cet *empli* par l'ouverture de la porte n°. 12. Nous expliquerons dans la suite les opérations qui s'y font.

42. Dans les raffineries, il y a quatre chaudières faites de feuilles de cuivre assemblées avec des clous rivés : le fond, qui est la seule partie exposée au feu, doit être d'une seule pièce fort épaisse : deux de ces chaudières sont destinées à clarifier le sucre ; une seule à cuire le sucre clarifié. Dans plusieurs raffineries, il n'y a que ces trois chaudières ; dans d'autres, une quatrième, qui sert à passer et à *raccourcir ;* c'est-à-dire à concentrer les écumes ; et au défaut de cette quatrième chaudière, on *fait les écumes* (c'est le terme usité) dans une de celles à cla-

rifier. Num. 13, *pl.* 2, représente une chaudière à clarifier, qui n'est point bordée. Le num. 14, une autre chaudière à clarifier; mais qui est bordée.

43. *Nota.* Que la partie perpendiculaire qu'on voit sur le derrière des chaudières, num. 1, 2, 3, 4, *pl.* 3, est de cuivre, et qu'elle est jointe avec les chaudières. On augmente presque du double la capacité des chaudières, en mettant sur le devant une bordure cintrée qui est de feuilles de cuivre rivées sur une barre de fer : c'est ce qu'on appelle *la bordure* ou *le bord*, qui se joint avec la chaudière, au moyen des crampons de fer qu'on voit dans la *pl.* 3, *fig.* 8. On la voit en place dans les *pl.* 2 et 3.

44. On voit encore à la partie postérieure des chaudières montées, une espèce d'évasement en forme d'entonnoir. Comme cette partie, qu'on nomme le *glacis* ou *œuvage*, n'est point exposée au feu, elle est revêtue de plomb; elle sert à rejeter dans les chaudières le sucre fondu qui pourroit se répandre, et à contenir les écumes qui, en se gonflant trop, se répandroient par-dessus les bords des chaudières; c'est pour cette raison que, dans plusieurs raffineries, on met sur cette bordure un second bord, *pl.* 3, *fig.* 1, garni de deux oreillons qui s'étendent sur le glacis ou évasement garni de plomb. Dans les raffineries où l'on ne fait point usage de cette seconde bordure, on emploie un boudin de toile bourré de paille, et mouillé, *pl.* 3, *fig.* 22, qu'on pose sur la première bordure, quand on voit que l'écume monte, et qu'elle est sur le point de se répandre par-dessus la chaudière.

45. Quoique ces bordures joignent assez exactement, on insère dans les joints des chiffons de vieille toile, qui empêchent que le sucre fondu ne suinte. Ces chiffons s'appellent *loques* en terme de raffinerie. On clarifie le sucre dans les chaudières 1 et 2, *pl.* 3.

46. La chaudière 3 sert pour *raccourcir*, ou, en termes de l'art, pour *faire les écumes*. Nous avons dit qu'il y a plusieurs raffineries où cette chaudière manque : en ce cas, on fait les écumes dans une des chaudières à clarifier. La chaudière aux écumes est représentée en particulier dans les *pl.* 2 et 3, num. 15.

47. Le num. 16 de la *pl.* 2 représente la chaudière à cuire. On n'ajoute point de bordure à celle-ci. On voit auprès de cette chaudière un contre-maître qui tient de la main gauche un *bâton de preuve*, qu'il prend de la droite, pour connoître si le sucre est à son degré de cuisson.

48. On voit au num. 17, *pl.* 2, une chaudière qui n'est point montée sur un fourneau, mais qui, à raison de sa grande profondeur, est enfoncée en terre et scellée dans une maçonnerie solide. On la nomme

chaudière à clairce (*a*), parcequ'on met dedans le sucre clarifié, jusqu'à ce que la chaudière à cuire soit en état de le recevoir. On a représenté cette chaudière en particulier dans la *pl.* 3, *fig.* 10, afin qu'on puisse voir comment on y établit un panier, dans lequel est un drap ou blanchet qui sert à filtrer et achever de dépurer la clairce. On tient cette chaudière couverte avec une serpillière ou un couvercle de planches, pour que la poussière du charbon ne puisse y tomber ni salir la clairce, comme on le voit dans la *pl.* 2, *fig.* 17.

49. Toutes ces chaudières, excepté celle à clairce, laquelle contient seule trois et quatre fois autant que chacune des autres, sont à peu près de même grandeur; elles sont presque cylindriques, et ont environ quatre pieds quatre pouces de diamètre en-dedans; leur fond est plat: elles pèsent environ trois cents livres: les planches qui en forment les bords, ont trois quarts de ligne d'épaisseur; mais le fond est épais de deux lignes. Autant qu'il est possible, on établit la chaudière à clairce tout auprès de celle à cuire, pour qu'on puisse promptement et commodément remplir la chaudière à cuire. Il y a même quelquefois une espèce de *bache* ou *dalle*, dans laquelle on verse la clairce, qui se rend dans la chaudière à cuire, par un tuyau qui y communique.

50. Les éminences en dos de bahut, *d*, *pl.* 2 et 3, qui sont entre les chaudières, se nomment les *coffres*. Ils sont formés par les glacis ou entonnoirs de plomb, qui sont à la partie postérieure des chaudières, et intérieurement ils contiennent les ventouses dont nous parlerons dans la suite. Sur un de ces coffres, entre les chaudières num. 14 et 15, *pl.* 2, est établie la dalle qui sert à conduire le sirop clarifié, des chaudières à clarifier dans la chaudière à clairce. On verse avec une grande cuiller nommée *pucheux*, *pl.* 3, *fig.* 13, le sirop clarifié, dans le bassin A de la dalle, *pl.* 3, *fig.* 15, qui fait l'office d'entonnoir. Le sucre clarifié, étant conduit par le tuyau B de la dalle, se rend par sa propre pente sur le blanchet qui couvre la chaudière à clairce, *pl.* 3, *fig.* 10. On voit toutes ces choses dans leur situation, sur la *pl.* 2.

51. Le devant des chaudières et des coffres forme une plate-bande *ee*, *pl.* 3, ou une banquette dont le devant est bordé d'un gros boudin qui s'élève d'environ trois pouces; et le tout est recouvert d'une table de plomb qui s'incline un peu par un ruisseau vers des trous *ff*, *pl.* 3, qui sont entre les chaudières : tout cela se voit sur le plan en perspective de la *pl.* 2. Ces trous qu'on nomme des *poëles* ou *écuelles*, sont revêtus de cuivre, et figurés en timbales comme les poëles des confiseurs. Cette disposition est très bien entendue pour recevoir le sucre qui se gonfle, et qui passe assez souvent par-dessus les bordures

(*a*) Le mot *clairce* est en usage dans les raffineries : il exprime en un seul mot *le sirop clarifié*.

quand on clarifie, ou même le sucre clarifié, lorsqu'il passe par-dessus les bords de la chaudière à cuire.

52. En *g*, *pl.* 3, sont les ouvertures pour les cendriers, et l'on voit à côté les portes par lesquelles on met le charbon sous les chaudieres, et qui répondent à la fournaise.

53. Tout cela se voit encore très clairement dans la *pl.* 2. Néanmoins ceci sera éclarci quand nous détaillerons comment les chaudières sont montées sur leur fourneaux. Au num. 9, *pl.* 3, est un tas de charbon de terre, et un serviteur qui en ramasse avec une pelle creuse, *pl.* 3, *fig.* 14, pour le jeter dans les fourneaux. Il y a toujours, dans ces ateliers, un gros tas de charbon de terre : car on ne chauffe point les chaudières avec du bois.

54. N°. 18, *pl.* 2, est une futaille dans laquelle on met le sang de bœuf qui sert à clarifier le sucre. On le met souvent hors de l'atelier, à cause de sa mauvaise odeur.

55. La fumée des fourneaux se dissipe par les cheminées cotées 11, *pl.* 3. Mais il s'échappe des chaudières une telle quantité de vapeurs, que quand l'air est épais, et que le feu est allumé sous les quatre chaudières, à peine voit-on clair : c'est pourquoi il n'y a point de plancher au-dessus des chaudières. On pratique même au toit, des lucarnes en demoiselles, qui sont destinées à faciliter la dissipation des vapeurs.

56. Au num. 19, *pl.* 2, sont des espèces de rabots, comme ceux dont se servent les maçons pour bouler leur mortier ; il y en a de différentes formes : tous servent à remuer la chaux dans le bac. On les nomme *mouvechaux* ou *mouverons du bac à chaux*.

57. Au num. 20, *pl.* 2, est la porte d'une étuve. Maintenant qu'on a une idée générale de la disposition des différens ustensiles qui doivent meubler la halle aux chaudières, nous allons entrer dans quelques détails, et nous commencerons par expliquer comment les chaudières sont montées sur leurs fourneaux.

Etablissement des chaudières.

58. On voit en *h*, *pl.* 3, les portes par lesquelles on met le feu sous les chaudières, et en *g*, une arcade qui conduit au cendrier. Comme les chaudières ne reçoivent l'action du feu que par le fond, il faut imaginer qu'elles sont reçues dans un massif de maçonnerie, comme on le voit en A, *pl.* 3, *fig.* 7. B est la fournaise dans laquelle brûle le charbon de terre, qu'on jette par la porte C.

59. On sait que le charbon de terre ne brûle point, s'il n'est continuellement animé par un courant d'air. C'est pourquoi on le jette sur une grille de fer, sous laquelle il y a un grand cendrier de cinq pieds de profondeur D, *fig.* 7, qui reçoit l'air extérieur par une galerie EF,

pl. 3, *fig.* 17, qui aboutit à l'arcade *g*, *pl.* 3. Pour concevoir la disposition de ces galeries, il faut lever les planches num. *g*, *pl.* 3, qui sont vis-à-vis les arcades dont nous venons de parler. Alors on découvre des enfoncemens E, *pl.* 3, *fig.* 17, dans lesquels on descend avec une échelle pour apercevoir les embranchemens ou galeries F, qui vont répondre au cendrier D, qui est sous la fournaise B, *fig.* 7. On descend effectivement dans les cavités E, pour retirer avec un crochet ou fourgon les cendres qui se sont amassées dans les cendriers D, *pl.* 3, *fig.* 7 et 17, en les attirant dans l'enfoncement E, par les embranchemens F, qui ont dix-huit à dix-neuf pouces de largeur sur deux pieds de hauteur sous clef : on conçoit que les galeries EF fournissent une grande quantité d'air qui anime le feu posé sur les grilles en B, *fig.* 7 et 18.

60. Tous ces embranchemens F sont voûtés en briques; mais les cavités E, qui ont environ trois pieds de largeur sur cinq de profondeur, sont couvertes par des planches, comme on le voit, *pl.* 3; ou bien on les couvre avec des grilles, pour que l'air entre encore plus librement dans les galeries. Quand on s'aperçoit que le feu ne brûle pas avec assez d'ardeur, il faut donner entrée à l'air des cendriers; et pour cela, on passe un crochet de fer entre les barreaux qui forment la grille de la fournaise B. Ces barreaux ont trois pouces et demi de grosseur.

61. Pour finir le fourneau, il ne reste plus qu'à donner une issue à la fumée. On pratique, pour cet effet, dans le massif de la maçonnerie, des tuyaux circulaires G, *pl.* 3, *fig.* 18, d'un pied de hauteur sur six pouces de largeur, qu'on nomme *ventouses* ou *évents*. Ils partent des fournaises B, *pl.* 3, *fig.* 18, et vont aboutir aux cheminées H, qui ont vingt-huit pouces de largeur sur dix-huit d'épaisseur. Il y a trois ventouses à chaque fourneau; et en certains endroits, elles passent les unes au-dessus des autres, G, *fig.* 7 et 19.

62. Enfin, les bouches extérieures, *pl.* 2 et 3, qui ont dix-huit à vingt pouces d'ouverture, et qui sont fortifiées par de bonnes barres de fer, sont fermées par des portes de fer battu.

63. La disposition que nous venons de donner pour exemple, étant pour trois fourneaux, celui du milieu reçoit deux galeries, et ses ventouses aboutissent à deux cheminées. Mais quand il y a quatre chaudières, chaque fournaise ne reçoit l'air que d'une seule galerie; ce qui exige un petit changement dans la construction : on l'imaginera aisément.

Des bacs à chaux, et des opérations qui y ont rapport.

64. L'eau de chaux est une substance âcre et alcaline, qui a beaucoup d'affinité avec les matières grasses ou muqueuses, avec lesquelles

elle fait une substance savonneuse : c'est pour cette raison qu'on en fait grand usage en chimie, pour dégraisser les sucs dépurés des plantes, lorsqu'on veut en retirer les sels essentiels. C'est aussi dans cette vue que, pour dégraisser le sucre fondu, ou emporter ce qu'il a de plus visqueux ou muqueux, et faciliter la séparation du grain, on en fait un grand usage dans les raffineries. Une de ses propriétés est de donner plus de corps à l'écume, qui, sans cela, se présente beaucoup plus molle; en sorte qu'elle est sujette à passer au travers des trous de l'écumeresse; au lieu qu'avec le secours de cette eau de chaux, l'écume est plus épaisse, plus détachée, et, si l'on peut se servir du terme, *plus grainée* : alors l'écumeresse la retient aisément. Mais sa propriété la plus essentielle est de rendre le sirop clarifié moins huileux, moins filant, et de lui donner par-là, lorsqu'il est clarifié et cuit, la facilité de former son grain. Sans elle, plusieurs matières, même assez blanches, ne produiroient dans les chaudières de l'empli et dans les formes, qu'une pâte épaisse, pleine d'un grain très fin, très mollet, dont le sirop auroit beaucoup de peine à se séparer.

65. Voici comment on fait l'eau de chaux. On établit, *pl.* 2, *fig.* 4, ou *pl.* 3, *fig.* 6, sous le robinet qui vient du réservoir, ou tout auprès de ce réservoir, une grande cuve de bois de chêne cerclée de fer : elle a ordinairement neuf pieds de profondeur sur six pieds de diamètre en dedans. Elle entre en terre de six pieds, étant reçue dans un massif de maçonnerie qui a sept à huit pouces d'épaisseur, et elle excède le terrain de trois ou quatre pieds. On met dans cette cuve, qu'on nomme *le bac à chaux*, environ soixante poinçons d'eau, avec douze mines de chaux vive. On mouve et on brasse l'eau et la chaux avec un mouveron, *pl.* 2, *fig.* 19, qui est souvent cette espèce de bouloir ou de rabot dont les maçons se servent pour faire leur mortier, et l'on mouve tous les soirs, pour que l'eau ait le temps de s'éclaircir pendant la nuit : car il ne faut point que l'eau qu'on met dans les chaudières soit trouble. C'est pourquoi, quand on travaille beaucoup, on a quelquefois, outre le grand bac à chaux, *pl.* 2, num. 4, un petit bac num. 21, qu'on voit au-dessous du grand, *pl.* 2. On le remplit d'eau de chaux claire, avant de mettre de nouvelle eau et de nouvelle chaux dans le grand bac; car on peut compter qu'il faut environ une mine de chaux pour clarifier une chaudière de sucre.

66. De temps en temps on vide le grand bac, et l'on jette dans un trou qui est dans la cour la chaux qui s'est amassée au fond : elle peut servir à faire du mortier pour les maçons, quoiqu'on prétende qu'elle soit moins bonne que celle qui n'a pas été lavée.

67. J'ai déjà dit que, dans les raffineries nouvellement établies, on avoit fait le bac à chaux en maçonnerie; et que quand il étoit possible

de l'établir plus haut que les chaudières, comme seroit le réservoir A, *pl.* 3, on pouvait conduire l'eau dans les chaudières par des tuyaux; ce qui épargnoit beaucoup de travail. Mais il ne faut prendre l'eau de chaux qu'au tiers de la hauteur du réservoir, afin qu'elle soit claire, et qu'il ne s'y mêle point de parties terreuses. On a quelquefois fait usage d'une pompe pour élever l'eau du bac établi trop bas; mais il faut que le bas de la pompe ne descende guère plus bas que la moitié de la profondeur du réservoir : autrement elle troubleroit l'eau.

Comment on charge les chaudières.

68. Nous supposons qu'on a mis en place le collet *a*, *pl.* 3, *fig.* 1, vis-à-vis la chaudière qu'on veut charger. On place aux deux côtés de la bouche du fourneau, des marche-pieds semblables à *c* (*a*); deux serviteurs montent sur ces marche-pieds, pour verser l'eau de chaux dans la chaudière, pendant que les autres apportent l'eau de chaux dans des baquets, *fig.* 23, les tenant par les anses, comme on le voit, *pl.* 3, *fig.* 24. A mesure que ceux-ci arrivent, ils posent leurs baquets sur le collet *a*, et les deux serviteurs versent l'eau dans la chaudière, qui n'est garnie que de sa première bordure, comme est celle de la *fig.* 2 : car on ne met la seconde bordure, *fig.* 1, que quand le bouillon s'élève.

69. On remplit ainsi la chaudière d'eau de chaux jusqu'aux environs des deux tiers de sa hauteur, ou six pouces au-dessous de son bord, non compris la bordure : car il faut à peu près le même poids d'eau de chaux que de sucre brut.

70. On apporte ensuite la moscouade ou la cassonade dans des baquets à anses, portés par deux hommes, *pl.* 2, *fig.* 11, et l'on achève d'emplir la chaudière, presque jusqu'au haut de la bordure. Mais ici les deux serviteurs qui ont apporté le baquet, le posent sur le collet, montent eux-mêmes sur les marche-pieds, et versent la moscouade dans l'eau de chaux, l'élevant fort haut, non seulement pour que le sucre se mêle avec l'eau de chaux, mais encore pour ne point endommager la bordure des chaudières, comme cela arriveroit si l'on posoit les baquets dessus.

71. Quand on a des sirops fins qui doivent rentrer dans le sucre, on met sur une chaudière, par exemple, *fig.* 4, *pl.* 3, le porteur, *fig.* 5, et l'on renverse dessus les pots remplis de sirop, comme on le voit à la chaudière de la *fig.* 4, où l'on a supprimé la bordure, pour laisser mieux apercevoir la position du porteur et des pots qui s'égouttent.

(*a*) Quand les chaudières sont basses, on se passe de marche-pieds.

72. Quelques contre-maîtres mettent du sang dans la chaudière avec la moscouade, et font brasser le sang avec la moscouade dans la chaudière, avant d'y mettre l'eau de chaux. Je m'abstiendrai de blâmer cette pratique, qu'on prétend être justifiée par nombre d'expériences. Mais je ne puis me dispenser de dire qu'il sembleroit plus à propos de ne mettre le sang que quand la chaudière est prête à bouillir ; car quand on ne met le sang que lorsque le bouillon commence, l'eau de chaux ayant fait avec la partie grasse du sirop des molécules savonneuses, le sang qu'on jette dans le bain qui est fort chaud, se cuit et forme comme un réseau qui rassemble toutes les molécules savonneuses, et les porte à la superficie en écumes, ce qui doit faire une parfaite clarification ; au lieu que, quand on met le sang avant l'eau de chaux, la chaux agissant en même temps sur la graisse du sucre et sur celle du sang, son action sur la partie visqueuse du sirop en est diminuée. Au reste, j'avoue qu'il faut, pour avoir confiance à cette théorie, qu'elle soit confirmée par l'expérience ; et j'ai déjà dit qu'il y a des raffineurs qui se croient assez fondés en expérience, pour penser différemment : cependant je puis supposer sans inconvénient qu'on ne met pas le sang dès le commencement avec l'eau de chaux, et suivre les opérations du raffineur, pour indiquer comment on conduit la clarification.

Manière de clarifier le sucre.

73. Pendant que les pots de sirop s'égouttent, on met du bois clair dans le fourneau : ce sont quelquefois les cerceaux et les douves des barriques qui contenoient le sucre. On y met le feu, et l'on jette dessus du charbon, pour faire un bon feu sous la chaudière ; ce que l'on continue pendant une heure, ou une heure et demie, ou plutôt jusqu'à ce que le sucre commence à monter.

74. Pendant la première demi-heure, on *mouve* continuellement le sucre pour faire fondre la moscouade, et empêcher que, se précipitant et s'attachant au fond de la chaudière, elle ne brûle. Pour mouver ainsi le sucre (*a*), on se sert d'une grande spatule de bois, qui a presque la forme d'un aviron, et qu'on nomme *mouveron*. Il a environ huit pieds de longueur, et la pale a six pouces de largeur.

75. Quand la chaudière commence à s'échauffer, si l'on n'a pas mis le sang d'abord avec l'eau de chaux, l'on verse dedans, et de fort haut,

(*a*) Dans les raffineries, on appelle sucre la liqueur qui contient le grain, et qui est véritablement un sirop, puisque le sirop n'est autre chose que du sucre fondu dans de l'eau : on a conservé le terme de sirop pour la liqueur qui s'égoutte du grain.

un petit seau de sang de bœuf, et l'on continue de faire agir le mouveron.

76. On cesse de mouver, et le sirop monte ; c'est-à-dire, que du fond de la chaudière s'excitent des vapeurs qui font paroître de temps en temps quelques frémissemens. Alors on met la seconde hausse, *pl.* 3, *fig.* 1; car la première a été placée avant de charger la chaudière, comme on le voit, *fig.* 2 ; de sorte que, quand on met la seconde hausse, la chaudière est pleine presque jusqu'au bord de la première hausse. Elle se trouve donc agrandie de toute la hauteur de cette hausse ; et la seconde sert à empêcher le bouillon de passer par-dessus cette chaudière, et de se répandre sur la banquette.

77. Quand on a mis la seconde hausse, et qu'on s'aperçoit que le sucre est prêt à jeter ses premiers bouillons, on diminue le feu, en le poussant vers un des évents, et en jetant dessus du charbon mouillé avec la pelle creuse, *pl.* 3, *fig.* 16, et même de l'eau, avec le pucheux ou la grande cuiller, *fig.* 13. Il est important de diminuer beaucoup le feu, pour que le sucre ne fasse que frémir ; car s'il bouilloit à gros bouillons, les écumes se mêleroient avec le sucre, et la clarification seroit manquée, ou au moins on auroit peine à les en séparer. Il faut de plus que le peu de feu que l'on conserve soit d'un côté de la chaudière, afin que le petit bouillon qui s'élève de ce côté-là, pousse les écumes du côté opposé, où elles se rassemblent, jusqu'à s'élever plus haut que la seconde bordure.

78. On laisse donc monter les écumes ; et quand elles sont bien élevées, on éteint entièrement le feu, en jetant de l'eau dessus avec le pucheux ; c'est pourquoi l'on a soin qu'auprès des chaudières il y ait toujours des baquets pleins d'eau : on en voit un auprès du petit bac à chaux, dans la *pl.* 2, avec un pucheux dans ce baquet.

79. Quand le feu est éteint, les écumes s'affaissent ; elles diminuent d'épaisseur; elles se raffermissent, ou, en terme de l'art, elles se *sèchent* : ce qui exige un bon quart d'heure. Alors, si la chaudière est élevée, on en approche un marche-pied semblable à *c*, *pl.* 3, pour élever le clarifieur qui va lever les écumes avec une grande écumoire de cuivre, *fig.* 14, qu'on nomme *écumerette* ou *écumeresse*. Cet instrument se manie à deux mains, et avec douceur, pour ne point brouiller les écumes avec le sucre. On passe donc l'écumeresse sous la couche d'écume ; on la soulève, et on la porte sur un baquet, comme on le voit, *pl.* 3, vis-à-vis la chaudière, *fig.* 2. Ce baquet *k* est ainsi placé sur la banquette vis-à-vis les chaudières. On appuie le manche de l'écumeresse sur une des anses du baquet ; et la tournant sur le tranchant, on laisse quelque temps l'écumeresse s'égoutter dans le baquet. On voit devant la chaudière, num. 2, un clarifieur en attitude. Il ramasse avec soin toutes les

parcelles d'écume; il gratte même avec son écumeresse les portions d'écume qui se sont attachées à la chaudière, au-dessus du niveau du sucre; et il met le tout dans le baquet, qu'un serviteur dans l'attitude représentée par la *pl.* 3, *fig.* 24, porte, dans une chaudière roulante, pour en retirer le sirop fin, quand on en a rassemblé une certaine quantité, ainsi que nous l'expliquerons dans la suite. Dans les raffineries où il y a quatre chaudières montées, on passe tout de suite les écumes dans une de ces chaudières, et on les raccourcit sur-le-champ: ceci s'éclaircira dans la suite. Je reviens au sirop qu'on clarifie.

80. Après qu'on a levé les premières écumes, le clarifieur examine si sa *clairce* est bien clarifiée; pour cela, il plonge son écumeresse dans la chaudière; il la retire; il la laisse un moment se rafraîchir un peu, en la tenant à plat; puis, la mettant sur le tranchant, il examine si la nappe de sucre liquide qui coule de l'écumeresse est bien claire; car, en l'opposant au jour, il ne doit point paroître de parcelles d'écume, ni de nébulosités.

81. Le sucre n'est jamais parfaitement clarifié après la levée des premières écumes; on achève la clarification en donnant ce qu'on appelle *des couvertures:* ce qui se fait en mêlant dans un baquet un peu de sang avec de l'eau de chaux. On verse de fort haut ce mélange dans le sucre; on mouve avec le mouveron; on laisse un peu de feu se rallumer vers un des côtés, pour faire remonter une seconde écume qu'on laisse se sécher comme la première, et qu'on enlève de même, ce qu'on répète jusqu'à ce que la nappe qui coule de l'écumeresse soit très transparente. On prend aussi de ce sirop dans une petite cuiller à couvrir, bien nette, dont on doit voir le fond au travers du sucre, aussi net que s'il n'y avoit rien dans cette cuiller.

82. J'ai vu des clarifieurs qui terminoient leur clarification, en versant dans le sucre un seau ou deux d'eau de chaux, sans mélange de sang. Ils rallument le feu, puis ils le diminuent, pour laisser former une écume légère qu'ils enlèvent comme les premières; et s'ils aperçoivent des parcelles d'écume qui roulent dans le sirop, ils donnent le feu un peu vif, pour les déterminer à monter à la superficie du sucre: mais ils finissent toujours par ralentir le feu, afin que les écumes se forment tranquillement.

83. Quand le sucre liquide est bien clarifié, on prend la dalle, *pl.* 3, *fig.* 15. On établit son bassin sur un des coffres qui sont entre les chaudières, ainsi qu'on le voit, *pl.* 2, entre les chaudières 14 et 15, et l'on en fait aboutir le tuyau à une chaudière qu'on nomme *la chaudière à claircé*, n°. 17. Il est aisé de concevoir qu'en versant avec un pucheux, le sirop clarifié dans le bassin de la dalle, ce sirop se rend par le tuyau dans la chaudière à clairce, qui a ordinairement six pieds de diamètre

sur six pieds de profondeur. Mais, pour retenir toutes les impuretés de la clairce, on établit sur la chaudière à clairce deux barreaux de fer qui la traversent, et qui soutiennent un grand panier d'osier, qu'on nomme *panier à passer*; on double ce panier d'un blanchet au travers duquel la clairce qui coule de la dalle se filtre, en y déposant le sable qui se trouve dans la moscouade, et les petites impuretés qui peuvent échapper à la vigilance du clarifieur. La disposition du panier et du blanchet sur la chaudière à clairce, se voit *pl.* 3, *fig.* 10.

84. Le *blanchet* est un morceau de drap blanc, bien foulé et bien drapé. Peu à peu ce drap s'encrasse, et le sucre ne passe plus; dans ce cas, il faut en substituer un autre, après avoir enlevé avec une cuiller toutes les parcelles d'écume qui ont été retenues par le blanchet : on jette ces substances chargées d'écume dans la chaudière aux écumes.

85. Dans quelques raffineries, on a plusieurs morceaux de drap coupés de la grandeur des paniers; et on en ôte un pour y en substituer un autre. Dans d'autres raffineries, c'est une grande pièce de drap qui a cinq quarts de largeur, et douze à quinze toises de longueur : on la plie en zig-zag dans une caisse, comme on le voit *pl.* 3, *fig.* 10. Et quand une portion est encrassée, on la tire vers *a* : alors une autre portion de la pièce se trouve sur le panier. Dans l'un et l'autre cas, les bords du drap doivent retomber sur le dehors du panier, et on les retient avec des crampons ou crochets de fer *c*. Ordinairement, à mesure que les blanchets s'encrassent, on les fait tomber dans une chaudière roulante qui est mise à côté de la chaudière à clairce, et qui est remplie d'eau pour décrasser le blanchet.

86. Pour fortifier les blanchets, on les borde avec un demi-lez de grosse toile : cette bordure a huit à neuf pouces de largeur.

87. On porte à la rivière les blanchets encrassés pour les y laver; après quoi, on les étend dans quelques-unes des galeries de la raffinerie, où ils restent pour sécher, jusqu'à ce qu'on en ait besoin; car le sucre ne coule pas si bien à travers les blanchets mouillés.

88. Quoique l'âcreté de l'eau de chaux soit diminuée par la graisse du sang et du sucre, les blanchets ne laissent pas d'en être endommagés, ainsi que par la chaleur du sucre. Ils le sont encore beaucoup plus lorsqu'on les laisse long-temps dans la chaudière où nous avons dit qu'on les jette; car l'eau chargée de sucre fermente; elle s'aigrit, et endommage les blanchets, au point de les mettre hors d'état de servir. Ces différentes raisons obligent de les renouveler assez fréquemment. Comme ils sont plus endommagés par le milieu que par les bords, on pourroit les couper en deux, et coudre ensemble les deux bords, qui alors se trouveroient au milieu. Ils pourroient servir encore en cet état quelque temps : car un blanchet qui a perdu tout son poil, ne filtre plus comme il faut.

89. Quand la claircе est filtrée, il reste à la cuire : ainsi, il faut la transporter dans la chaudière cotée 16, *pl.* 2. Cela se fait aisément et promptement avec un pucheux, quand la chaudière à clairce, num. 17, est tout auprès de la chaudière à cuire, cotée 16, *pl.* 2. Mais le terrain ne permet pas toujours d'user de cette commodité ; en ce cas la chaudière à clairce n'est détachée des chaudières à cuire, comme *pl.* 3, *fig.* 10 et 16. Cette dernière figure représente une coupe perpendiculaire de la chaudière à clairce. Il faut alors porter assez loin la clairce pour la mettre dans la chaudière à cuire : pour ne point perdre de sucre, on met auprès de la chaudière à clairce une espèce de canap A, qu'on nomme *une chaise*, qui est couverte d'une table de plomb, dont une partie remonte sur le dos de la chaise, et retombe en bavette dans la chaudière. Au milieu du siége de la chaise est un trou sous lequel on met un pot à sirop B, pour recevoir celui qui se répand : c'est sur cette chaise qu'on pose les bassins C, que le clarifieur remplit avec un seau, comme nous allons l'expliquer.

90. On voit en N, *pl.* 3, *fig.* 10, un seau qui pend par l'anse à un crochet placé au bas du panier à passer. Le clarifieur prend le seau pour puiser la clairce, et en remplir les bassins ; mais quand il a vidé en partie la chaudière à clairce, cette chaudière est trop profonde pour qu'il puisse y puiser le sucre clarifié ; alors il passe dans l'anse du seau un crochet D, *fig.* 16 ; il puise le sucre, il remonte le crochet, et il l'arrête au bord de la chaudière par un autre crochet qui s'y agraffe ; et le seau étant ainsi à portée d'être saisi avec la main, il le prend de la main gauche, et verse la clairce dans le bassin qu'un serviteur prend devant lui, comme on le voit, *pl.* 3, *fig.* 25 : et ce serviteur va verser le sucre clarifié dans la chaudière à cuire.

Digression sur la manière de clarifier.

91. Il y a en général trois manières de clarifier une liqueur quelconque. On peut clarifier par *précipitation*, ou par *filtration*, ou par *élévation*. Je parle ici de la clarification en général, et non pas particulièrement de celle qui convient au sucre.

92. Les ciriers ou les chandeliers clarifient la cire ou le suif, en laissant les corps étrangers, plus pesans que ces matières, tomber ou se précipiter au fond des vases, où on les entretient long-temps dans un état de fusion, pour que les substances étrangères aient le temps de tomber. Les liqueurs qu'on peut laisser long-temps en repos se clarifient aussi d'elles-mêmes par précipitation : c'est ainsi que la lie se précipite au fond des futailles remplies de vin, de bière, de cidre, etc., de même que le marc du café. Souvent, pour faciliter la précipitation des matières qui sont à peu près de même pesanteur spécifique que les liqueurs qu'on

laisse se clarifier, on mêle avec ces liqueurs des blancs d'œufs ou de la colle de poisson, qui d'abord s'étendent sur la superficie de la liqueur, et y font une espèce de nappe qui se précipite peu à peu au fond, et entraîne avec elle les corps étrangers. C'est ainsi qu'on clarifie le vin et la bière que l'on colle : on clarifie de même le café avec un peu de corne de cerf. Mais il faut que la liqueur qu'on veut clarifier, soit moins pesante que les œufs, ou la colle de poisson, ou la corne de cerf ; sans quoi ces substances flotteroient continuellement dessus les liqueurs, et celles-ci ne seroient point clarifiées.

93. Cette manière de clarifier ne convient point au sucre. Il faudroit laisser la clairce refroidie séjourner fort long-temps dans des vases : elle s'y aigriroit, et seroit en partie perdue. Je ne sais pas même si les œufs, la colle, etc., sont spécifiquement plus pesans que le sucre fondu.

94. La clarification se fait encore par filtration ; par exemple, lorsqu'on passe le vin sur des râpés de grains ou de copeaux, et d'autres liqueurs, par des manches ou chausses d'hypocras, par des éponges, du coton, ou des feuilles de papier gris. Cette manière de clarifier ne convient guère aux substances épaisses et visqueuses ; ou si l'on veut alors y avoir recours, il faut se servir de filtres qui n'aient pas les pores fort petits. Pour filtrer du sucre fondu au travers du papier gris, il faudroit l'étendre dans beaucoup d'eau ; ce qui obligeroit de faire ensuite de grandes évaporations qui coûteroient beaucoup ; c'est ce qui fait que l'on se contente de filtrer la clairce par un drap. Ainsi la clarification par filtration est en quelque façon admise pour le sucre.

95. La troisième manière de clarifier est de jeter dans la liqueur une substance qui d'abord soit assez fluide pour se mêler avec le sucre fondu, et qui, en se cuisant promptement, embrasse, avec ses parties, les substances qui troublent la liqueur, et aussi des bulles d'air ou des vapeurs raréfiées qui la déterminent à se porter à la superficie, sous une forme spongieuse qu'on nomme *l'écume*. C'est ce moyen dont on fait principalement usage pour la clarification du sucre ; et les substances qu'on emploie pour opérer cette clarification, sont les blancs d'œufs battus avec de l'eau ou du sang de bœuf : ces deux substances très fluides, quand elles sont battues avec de l'eau, se mêlent bien avec le sucre fondu. Comme elles cuisent très promptement, et comme leurs parties sont remplies, soit d'air, soit de vapeurs, elles forment, en s'épaississant par la cuisson, une espèce de filtre qui, montant à la superficie de la liqueur, entraîne avec lui tout ce qui pouvoit troubler le sucre, et se porte à la surface avec les impuretés, sous la forme d'écume, qu'il faut prendre garde de briser, parceque si l'on dégageoit les bulles, l'air qui les détermine à monter à la surface de la liqueur, les écumes qui deviendroient de même poids que le sucre, n'agiroient

dans la liqueur que par petites parcelles qu'il ne seroit pas possible d'enlever avec l'écumeresse : d'autres parties plus pesantes se précipiteroient au fond des chaudières, où elles courroient risque de se brûler.

96. Voici quelques observations qui confirmeront cette théorie : 1°. J'ai essayé de substituer la colle de poisson aux blancs d'œufs ; elle n'a produit aucune écume, parcequ'elle ne se cuit pas.

2°. Si l'on fait bouillir à petits bouillons le sucre où l'on a mis le sang ou les blancs d'œufs, il s'élève à la superficie des écumes épaisses.

3°. Si l'on fait bouillir le sucre à gros bouillons, une partie des écumes se mêlent avec le sucre, parceque les vésicules qui font leur légèreté se brisent, et une partie des écumes roule dans le sucre.

4°. Si on laisse refroidir le sucre, les écumes se précipitent ; la partie supérieure de la chaudière, au bout d'une demi-heure, aura plus d'un pouce de hauteur, où le sucre paroît presque parfaitement épuré ; plus bas il ne l'est pas ; au bout de vingt-quatre heures, toute l'écume se précipite au fond de la chaudière : je crois que cela dépend de ce que les vapeurs contenues dans les vésicules se condensent, et les écumes deviennent alors plus pesantes que le sucre.

5°. Les écumes se mêlent aussi avec le sucre, si on les agite : ce qui vient de ce qu'on brise les vésicules, d'où dépend la légèreté des écumes.

97. Il faut donc concevoir que les parties de chaux font, avec la substance la plus grasse, la plus muqueuse du sucre fondu, des molécules savonneuses. Cette propriété de l'eau de chaux, de s'unir aux corps gras, est très bien établie, 1°. par la propriété qu'elle a de rendre très tenues les huiles les plus grasses ; 2°. par le rôle qu'elle joue dans la fabrique du savon ; 3°. par ce qu'on observe dans la rectification des huiles empyreumatiques, végétales ou animales ; 4°. par l'effet qu'elle produit dans la préparation des cuirs. Veut-on obtenir un sel essentiel d'un suc de plante, qui, étant fort gras, a une grande disposition à tomber en putréfaction ? on met dedans, non seulement de l'eau de chaux, mais même de la chaux vive en pierre. Nous soupçonnons donc qu'il se fait une union des parties les plus visqueuses et mucilagineuses du sucre fondu avec la chaux ; et c'est cette union que nous nommons *molécules savonneuses*, quoique certainement elles ne forment pas un vrai savon, et qu'elles ne se montrent pas dans le sucre comme des corps étrangers.

98. Nous croyons donc que les blancs d'œufs ou le sang mêlés avec le sucre fondu, ces substances ramassent, non seulement les corps étrangers qui flottent dans la liqueur, mais encore toutes ces molécules savonneuses, et les entraînent à la superficie, sous la forme d'écume. Si l'on verse les œufs ou le sang de fort haut, c'est pour que ces matières se mêlent avec le sucre. Si l'on mouve rapidement, c'est pour rendre

le mélange plus parfait : mais il est important de cesser tout mouvement aussitôt que les blancs d'œufs ou le sang cuisent, pour ne point rompre les vésicules remplies d'air ou de vapeurs qui font la légèreté des écumes. Il faut, pour cette même raison, diminuer le feu, afin qu'un gros bouillon ne fasse point crever les vésicules remplies d'air. On doit aussi emporter doucement les écumes, pour que rien ne se précipite au fond, que le sang ou les œufs, venant à se cuire, montent à la superficie. Si l'on rompoit les vésicules qui donnent aux écumes leur légèreté, il ne resteroit que deux moyens de les retirer; en premier lieu, par la filtration au travers du blanchet, et il faudroit couler la liqueur fort chaude, pour que le sirop, étant plus liquide, traversât mieux le drap. Le second moyen seroit de mettre le sucre se refroidir et déposer les impuretés dans une chaudière. Mais, pour que cette précipitation réussît, il faudroit que le sucre fût étendu dans beaucoup d'eau ; et alors la fermentation seroit à craindre, sur-tout en été. Je sais qu'on pourroit clarifier du sirop sans eau de chaux; mais je doute qu'on pût, par les œufs et le sang seuls, ôter au sirop quelque chose de gras et de visqueux qui s'oppose à la séparation du grain. Dans les îles, où le sirop de vesou est très gras, non seulement on emploie de la chaux en pierre, mais de plus, on augmente sa vertu alkaline, en y ajoutant des cendres. Quand, par quelqu'accident, les écumes se sont mêlées avec le sucre, on parvient à les faire monter vers la superficie, en jetant dans le sucre un peu de sang mêlé dans l'eau de chaux, et en augmentant un peu le feu : d'autres se contentent de l'eau de chaux seule. J'ai vu, après cette addition, se lever un peu d'écume. Peut-être réussiroit-on encore mieux, en versant avec l'eau de chaux un peu de sirop aigri : ce sirop exciteroit une effervescence qui pourroit être avantageuse.

99. J'avoue que l'eau de chaux pourroit agir dans le sucre autrement que par la formation des molécules savonneuses; peut-être que par son âcreté, elle diminueroit la viscosité du sirop. Voici une expérience de MM. de Bronville et Villebouré, qui sembleroit le prouver.

100. Ils ont clarifié parfaitement du sucre, sans employer d'eau de chaux : mais après l'avoir cuit à preuve, ils n'ont pu obtenir un grain bien sec. Ayant ajouté de l'eau de chaux bien forte, il ne s'est rien élevé à la superficie du sucre qui avoit été bien clarifié ; cependant ce sucre étant raccourci, a fourni un beau grain qu'on n'avoit pas pu obtenir auparavant. On voit bien clairement un effet très marqué de l'eau de chaux. Mais comment agit-elle? Est-ce en formant avec la partie la plus grasse du sirop une espèce de savon, mais un savon très liquide, qui ne se montre pas sensiblement? Est-ce en atténuant, en divisant la substance la plus visqueuse du sirop? C'est ce que je n'ose décider.

101. On employoit autrefois beaucoup d'œufs pour clarifier le sucre ;

mais depuis qu'on s'est aperçu que le sang clarifioit mieux que les œufs, et qu'il occasionnoit moins de déchet, on ne se sert presque plus que de sang dans les raffineries.

102. Il ne faut pas croire qu'il soit indifférent d'employer du sang de différentes espèces d'animaux pour bien clarifier. On a souvent éprouvé que le sang de veau et celui de mouton clarifient moins bien que celui de bœuf, et que même celui de bœuf produit un meilleur effet quand il commence à se corrompre, que quand il est frais : apparemment que le sel volatil qui se dégage du sang agit sur la partie grasse du sucre, et concourt avec les parties de chaux à le dégraisser ; on m'a même assuré que, quand toutes les raffineries d'Orléans travailloient beaucoup, les boucheries de cette ville ne fournissant pas assez de sang de bœuf, des raffineurs en avoient fait venir de Paris. Je vais reprendre le fil des travaux de la raffinerie.

De la cuisson du sucre.

103. Le sucre ayant été bien clarifié et filtré par le blanchet, on le transporte, comme je l'ai dit, avec des bassins de la chaudière à clairce dans la chaudière à cuire, n°. 16, *pl.* 2, *fig.* 11. Cette chaudière n'est point bordée comme les autres ; on l'emplit jusqu'à moitié avec le sucre clarifié.

104. Quand la chaudière est chargée, on allume le feu dessous ; et, comme il doit être très vif, parcequ'il est avantageux que la cuisson se fasse promptement, on l'anime en dégorgeant la grille avec le crochet du toqueux ou estoqueux, afin que l'air, passant librement entre les barreaux des grilles, le charbon brûle avec vivacité.

105. Quelques minutes après que le feu est sous la chaudière, le sucre gonfle beaucoup ; et il se répandroit, si l'on n'abaissoit pas le bouillon, en jetant un peu de beurre sur le sucre qui cuit, et si l'on ne mouvoit pas continuellement avec le bâton à preuve. Quand le sirop a pris son bouillon, il ne s'élève plus, au moins pendant un peu de temps. Il faut néanmoins le veiller ; car quelquefois il monte subitement, sur-tout, lorsqu'il est prêt d'être cuit.

106. On soutient ce bouillon pendant environ trois quarts d'heure ou une heure ; et le contre-maître s'aperçoit que son sirop approche d'être cuit, à la forme du bouillon, à l'épaisseur du sucre sur le bâton de preuve, quelquefois encore à ce que le sucre se gonfle. Alors il prend la preuve, en passant le pouce sur le bâton chargé de sirop, comme on le voit, *pl.* 2, vis-à-vis la chaudière n°. 16. Approchant ensuite le doigt index du pouce, et l'écartant, il juge par le filet de sirop qui se prolonge d'un doigt à l'autre, si le sirop est parvenu à son degré de cuisson. Dans cette opération il tient le pouce en bas.

107. Le raffineur ou le contre-maître connoissent, à la nature du fil qu'ils forment entre leurs doigts, si le sucre est parvenu au degré de cuisson qu'ils veulent lui donner. On ne peut guère assigner sur cela de règle précise : cependant, je crois avoir remarqué que, si le filet se rompt près du doigt index qui est en-haut, c'est signe que le sucre n'est pas assez cuit; quand il se rompt plus près du pouce qui est en-bas, et que la partie du filet qui répond à l'index se raccourcit en s'approchant de ce doigt, c'est signe que le sucre est à son degré de cuisson.

108. Je ne dissimulerai point qu'un habile raffineur m'a assuré que ce fil n'est pas la seule chose qui le règle, parcequ'il varie suivant les temps et les saisons. Un sucre cuit au même point dans l'hiver, donnera un fil considérable, sur-tout quand le temps est sec et disposé à la gelée; et dans l'été il n'en donnera point ou presque point, sur-tout quand le temps est humide et pesant. Le contre-maître est donc obligé de se régler pour lors presqu'uniquement par le bouillon ou par la manière dont le sucre se tient sur le bâton de preuve, ou enfin, ce qui est le plus sûr, par le degré d'épaisseur de la liqueur entre ses doigts. Ainsi c'est le tact qui décide le plus sûrement.

109. Il est bien important de saisir exactement le vrai point de la cuite, car si le sirop n'étoit pas assez cuit, s'il n'étoit pas assez raccourci, le sucre étant dissous dans trop de flegme, le grain ne s'en sépareroit pas en quantité suffisante, et il couleroit beaucoup de sirop ; si au contraire la cuisson étoit trop forte, le sucre cuit étant trop épais, il resteroit une trop grande quantité de sirop adhérente au grain, et la partie même qui s'en séparereit ne le feroit qu'avec beaucoup de difficulté. Mais, comme on mêle ensemble, dans une même chaudière, le sucre de différentes cuites, si le contre-maître s'aperçoit que la première a été trop forte, il cuit la seconde au-dessous de la première, et ces différentes cuites étant mêlées ensemble, l'une corrige l'autre. C'est un expédient dont on use quelquefois; mais il faut essayer de ne se pas mettre dans le cas d'y avoir recours.

110. Un sucre trop chargé de flegme seroit exposé à fermenter et à s'aigrir; un sirop bien clarifié, plus raccourci que celui dont nous venons de parler, mais pas autant qu'il convient pour faire du sucre, formeroit à la longue de gros cristaux bien formés, qu'on appelle *sucre candi :* ce n'est pas ce qu'on veut dans les raffineries. Mais quand on en a encore plus raccourci le sirop, la séparation du grain se fait promptement : tout d'un coup il se forme un grand nombre de petits cristaux, qui n'ont pas une forme bien déterminée, et qu'on nomme pour cette raison *le grain*.

111. Les différens raffineurs ne sont pas tout-à-fait d'accord sur le point de cuisson ; les uns cuisent un peu moins que les autres : ceux qui

cuisent moins prétendent que, comme le sirop reste plus liquide, le grain est plus blanc et qu'il se réunit mieux; ce qui fait un sucre plus serré : ceux qui cuisent un peu plus, prétendent que, par la première méthode, il s'écoule plus de sirop, et qu'on a moins de grain. Mais les premiers leur répondent que, comme ils ne sont pas obligés de terrer autant leur sucre que ceux qui cuisent davantage, parceque le sirop s'écoule de lui-même, ils éprouvent moins de déchet à cette opération. Ce qui est certain, c'est qu'on peut, par l'une ou l'autre méthode, faire de beau sucre. On voit, *pl.* 2, un raffineur qui prend la preuve.

112. Quelque méthode qu'on suive, on conçoit qu'il est avantageux de saisir précisément le moment de la cuisson : c'est pourquoi, aussitôt qu'on y est parvenu, il faut promptement vider la chaudière pour porter le sucre cuit à l'empli. Dans cette vue, on met sur la banquette des fourneaux aux deux côtés de la chaudière à cuire, deux bourrelets de paille, *pl.* 3, *fig.* 20, sur lesquels on pose deux bassins, *fig.* 21 (*a*). Un serviteur, averti par le contre-maître, ouvre la porte du fourneau, et jette de l'eau sur le feu avec le pucheux pour l'éteindre. Sur-le-champ le contre-maître, se mettant devant la chaudière, à peu près dans l'attitude où on le voit vis-à-vis la chaudière, *pl.* 3, *fig.* 2, il emplit avec du sucre cuit, mais fluide encore, les bassins qui sont à côté de lui; et à mesure qu'ils sont pleins, ce qui se fait très proprement, des serviteurs, comme celui de la *pl.* 3, *fig.* 25, les enlèvent, et vont les vider dans la chaudière de l'empli; d'autres remettent à la place des bassins vides; et aussitôt que la chaudière à cuire est vidée, on la charge avec d'autre clairce, et on rallume le feu pour faire une seconde cuite.

Digression sur le bouillon.

113. Quand on fait chauffer de l'eau dans un vase de verre, on voit qu'il se forme des bulles à la partie la plus échauffée, et au fond de la liqueur. Ces bulles, qui partent du fond, crèvent, quand la liqueur prend plus de chaleur, et elles s'élèvent à la surface d'une manière imperceptible. En se rompant, elles jettent de petites gouttes d'eau, qui, en retombant sur les charbons, y excitent un petit bruit. On entend aussi un petit sifflement dans la liqueur : on dit alors que l'eau frémit. Peu après succèdent les gros bouillons : l'eau fume beaucoup; mais les jets des gouttelettes d'eau dont j'ai parlé ont cessé.

(*a*) Dans quelques raffineries, on préfère de caler les bassins sur la banquette avec des coins de bois, parceque les ronds de paille, s'imbibant de sirop, nuisent à la propreté.

114. Si l'on met sur le feu une liqueur épaisse et visqueuse, comme le sucre clarifié, ordinairement ce sucre monte dans la chaudière à cuire avant que de prendre son bouillon; alors le sucre ressemble à une liqueur mousseuse. Un nombre de petites bulles qui ne peuvent pas se dégager de cette liqueur, visqueuse comme de l'eau, s'amassent et font le gonflement de la masse totale.

115. Lorsque le sucre commence à prendre son bouillon, toute la chaudière paroît couverte de grosses bouteilles larges comme des écus; alors le sucre commence à baisser; ce qui vient, à ce que je crois, de ce que la force avec laquelle les vapeurs s'élèvent, fait briser les bouteilles, et ne leur permet pas de s'accumuler en grande quantité à la surface. Ces grosses bulles se succèdent les unes aux autres; et en se rompant, elles répandent beaucoup de fumée.

116. Quand ce bouillon est bien établi, le sucre cuit, comme l'on dit, tout bas; il ne s'élève plus.

117. Alors le gros bouillon perce au milieu de la chaudière, et il chasse toutes les bulles vers les bords, où les bouteilles crèvent et se reproduisent continuellement.

118. Une preuve que c'est la grande abondance et la force des vapeurs qui, en crevant les bulles, empêchent que la liqueur ne monte, c'est que si l'on apaise le feu, le bouillon devient peu à peu moins considérable. Il disparoît ensuite; et les bouteilles que le gros bouillon rangeoit vers les bords, s'étendent sur toute la surface du sucre: alors le sucre s'enfle de nouveau, et d'autant plus qu'on diminue davantage le feu.

119. Un autre fait, qui mérite bien d'être remarqué, c'est que, quand le sucre approche le plus d'être cuit, c'est le temps où il s'enfle le plus, apparemment à cause que la viscosité augmente.

120. Dans tous ces cas, on empêche le sucre de s'élever, en jetant dans la chaudière un peu de beurre. Sur-le-champ, le bouillon qui s'élevoit beaucoup s'aplat; et l'on remarque qu'il faut plus de beurre quand le sucre vient à son degré de cuisson, que, dans le commencement. Suivons l'énumération des faits, avant que de former aucun raisonnement sur la cause qui les produit. Quand le sucre approche encore plus de sa cuisson, les bulles diminuent de grosseur; elles deviennent fort petites, et toute la masse du sucre paroît comme mousseuse; c'est-à-dire, qu'au lieu d'un petit nombre de grosses bulles, il s'en forme une immense quantité de petites. Ce dernier phénomène dépendroit-il encore de l'épaississement de la liqueur, qui empêche que plusieurs petites bulles ne puissent se réunir pour en former de grosses? Les faits sont certains: je n'ai fait que les entrevoir; mais ils ont été bien examinés par M. de Gueudreville. A l'égard des explications, je prie

qu'on ne les regarde que comme des conjectures. Je pourrois néanmoins leur donner quelque poids, en faisant remarquer que les belles cassonades qui donnent beaucoup de grain forment beaucoup de bouteilles en bouilllant ; mais elles sont peu sujettes à monter, de sorte que souvent on les cuit sans avoir recours au beurre. Au contraire, les moscouades fort grasses, les sirops qu'on cuit seuls pour faire des vergeoises, montent tellement, qu'on est obligé d'employer beaucoup de beurre. Il me paroît naturel d'attribuer la cause de ces deux effets différens, à ce que le beau sucre est moins visqueux que celui qu'on cuit pour les vergeoises. Mais rapprochons de ce qui regarde le sucre quelques autres faits qui appartiennent aux substances qui se gonflent sur le feu.

1°. L'eau qu'on fait bouillir dans un vaisseau fort évasé, se gonfle très peu en bouillant. Mais quand on fait bouillir de l'eau dans un vaisseau qui est large par le bas et étroit par le haut, le bouillon de l'eau s'élève assez haut, parceque toutes les vapeurs, étant obligées de s'échapper par une ouverture étroite, ont assez de force pour soulever la liqueur ; ce qui n'arrive pas dans un vaisseau évasé.

2°. Quand on met du café dans un vase rempli d'eau bouillante, le bouillon s'élève beaucoup, jusqu'à ce que la poudre du café soit bien mêlée avec l'eau, et je crois que l'air contenu entre les molécules du café contribue à ce gonflement : mais il cesse, quand la poudre de café s'est bien mêlée avec l'eau. D'ailleurs, cette poudre, plus légère que l'eau quand elle est sèche, nage dessus, et fait une croûte qui s'oppose à la sortie des vapeurs ; mais on détruit cette croûte, en mêlant le café dans toute la masse de l'eau.

3°. Le chocolat, qui rend l'eau épaisse et visqueuse, la gonfle beaucoup ; et elle se gonfle encore plus, quand on fait le chocolat dans du lait, parceque le tout est plus épais.

4°. Si l'on remue avec une cuiller une liqueur qui se gonfle beaucoup, on voit partir beaucoup de fumée, et le bouillon s'abat ; ce qui vient, à ce que je crois, de ce qu'on donne issue aux vapeurs.

5°. Si l'on verse une petite quantité d'eau dans une cafetière où l'eau s'élève, le bouillon s'abat, non seulement à cause du refroidissement de la liqueur, mais encore, et principalement, parceque cette eau qu'on ajoute facilite la dissipation des vapeurs, qui se manifeste par une épaisse fumée qui s'en échappe ; je dis principalement, parcequ'on abat le bouillon avec de l'eau chaude comme avec de l'eau froide.

6°. Si dans une liqueur visqueuse, qui bout à gros bouillons, on verse une liqueur pareille et froide, presque dans l'instant on voit s'élever un gros bouillon : mais si au lieu d'eau froide, on y verse de cette même liqueur fort chaude, ce gonflement n'arrive pas. Je crois que cela dépend de ce que la liqueur froide, plus pesante que la chaude, se précipite au fond du vase; et l'air qu'elle contient se raréfiant, il se forme au fond du vase des bulles de vapeurs, comme aux liqueurs froides; au lieu que les liqueurs bouillantes étant purgées d'air, se mêlent avec toute la masse de la liqueur, sans se précipiter au fond.

121. Quand on met dans la chaudière à cuire une certaine quantité de sucre froid, et dès-lors plus épais, tiré de la chaudière à clairce, on peut remarquer qu'avant que le sucre s'enfle et prenne son gros bouillon, toute sa surface frissonne par une espèce de mouvement convulsif : tout le sucre tremble, et jette des bouillons pointus comme en pyramide : on entend alors un ronflement considérable comme dans un tuyau d'orgue. Ce bruit occasionne une telle agitation, que les vitres de la halle aux chaudières, ainsi que des ateliers voisins, en tremblent avec bruit; cette agitation cesse aussitôt que les gros bouillons paroissent.

122. On trouvera dans la suite le détail d'une industrie des raffineurs pour arrêter le bouillon lorsqu'on cuit les sirops : mais auparavant, je vais reprendre la suite des opérations de la raffinerie.

Préparation des formes.

123. Nous quittons l'atelier des chaudières; et pour suivre le sucre cuit, jusqu'à ce qu'il ait fourni du sucre en pain, nous devrions passer une salle qu'on nomme *l'empli :* mais, comme on y fera usage des formes, nous ne pouvons nous dispenser d'expliquer ce que c'est, et de dire quelque chose des préparations qu'il faut leur donner pour les disposer à recevoir le sucre cuit, quoiqu'encore fluide. Nous laissons donc notre sucre dans une chaudière qui est dans l'empli, et qu'on nomme *la chaudière à couler ;* nous allons parler des vaisseaux où l'on mettra le sucre au sortir de cette chaudière; et cela est d'autant plus à propos, que le sucre cuit à son point, doit rester quelque temps dans la chaudière à couler, avant qu'on le mette dans les formes.

124. Les *formes* sont des vases de terre cuite, de figure conique, tant en-dedans qu'en-dehors; leur figure intérieure est indiquée par celle des pains de sucre qui y sont moulés. Ces formes sont de différentes couleurs, suivant la nature de la terre qu'ont employée les potiers. Quelques ouvriers donnent la préférence à celles qui sont blanches, d'autres aux rouges : mais la couleur est très indifférente, pourvu que ces vases soient bien cuits, bien unis, et que leur forme soit exactement conique, afin que les pains puissent en sortir aisément. Il s'en trouve qui sont un peu ovales : c'est un très petit inconvénient; car en observant un repaire, on remet les pains aussi exactement dans ces formes que dans celles qui sont parfaitement rondes.

125. Il y en a ordinairement, dans les raffineries, de six grandeurs différentes; savoir:

Planche 4, le petit deux, qui a onze pouces de hauteur et cinq pouces de diamètre par la patte. Le grand deux, qui a treize pouces de hauteur, six pouces de diamètre. Le trois a neuf pouces de hauteur, sept pouces et demi de diamètre. Le quatre a dix-neuf pouces de hauteur, huit pouces de diamètre. Le sept a vingt-deux pouces de hauteur, dix pouces de diamètre. Les bâtardes ou vergeoises fondues ont 30 pouces de hauteur, quinze pouces de diamètre.

126. On peut compter qu'une forme qui tient 30 à 35 livres de sucre clarifié et cuit, fournira à peu près un pain qui, au sortir de l'étuve, pèsera 15 à 17 livres, bien entendu qu'il ne s'agit pas ici de sucre superfin, ni du royal.

127. Les formes sont percées au petit bout, pour laisser écouler le sirop; et on les met sur un pot, *fig.* 7, qui soutient la forme et reçoit le sirop. La plupart de ces pots ont trois pieds; mais il y a des raffineries où l'on aime mieux qu'ils n'en aient point, parceque ces pieds qui sont ajoutés au corps du pot par le potier, se détachent assez aisément; et alors le pot est perdu. Ils doivent avoir le fond et l'assiette larges, et l'ouverture d'en-haut, qu'on nomme *le collet*, bien renforcée.

128. Il faut que la grandeur des pots soit proportionnée à celle des formes. Ainsi, les pots pour le petit deux ont 6 pouces de hauteur, et contiennent trois chopines. Les pots pour le grand deux ont 7 pouces de hauteur, et contiennent deux pintes. Les pots pour le trois ont 8 pouces de hauteur, et contiennent trois pintes. Les pots pour le quatre ont 10 pouces de hauteur, et contiennent 4 pintes. Les pots pour le sept ont un pied de hauteur, et contiennent 6 pintes. Enfin, les pots pour les vergeoises ont 15 pouces de diamètre, 15 à 18 pouces de hauteur, et contiennent 20 pintes.

129. Quoiqu'on ne reçoive guère des potiers les formes fêlées, on ne manque pas d'y mettre un cerceau de bois, qui touche le cordon de leur grand diamètre ou de la patte. On en met même quelquefois trois aux grandes formes; l'un, comme nous l'avons dit, au bout le plus évasé; le second, vers le tiers de leur hauteur; et le troisième, 5 ou 6 pouces au-dessus de leur bout le plus menu.

130. On fait ces cerceaux avec du coudrier, ou quelqu'autre bois blanc, qu'on refend en deux ou trois parties, et qu'on dresse avec la plane du côté refendu. On ne les lie point avec de l'osier; mais on les enlace comme un nœud avec deux petites coches qui les empêchent de couler. En un mot, ces cerceaux ressemblent à ceux des petits barrils.

131. Quand, par l'usage, les formes se sont fêlées, un vieux serviteur de la raffinerie, *fig.* 8, qu'on ne peut plus employer à des ouvrages

pénibles, les raccommode. Pour cela, il met sur le dehors de la forme, et principalement à l'endroit endommagé, des morceaux de copeaux que les tonneliers lèvent avec leur doloire de dessus le merrain qu'ils dressent pour faire des poinçons neufs. Les tonneliers vendent ces copeaux par bottes, *fig.* 9. Le raccommodeur de formes serre ces copeaux contre la forme avec plus ou moins de cerceaux, suivant qu'elles sont plus ou moins endommagées. Cet ouvrier, *fig.* 8, pose la forme qu'il veut cercler, sur une table solide, ou sur un bloc, la patte ou le bout le plus large en-bas, et la tête ou le bout pointu en-haut. Il prend la mesure du plus grand cercle : il le coupe de longueur ; il en appointit les bouts ; il fait les entailles ; il plie le cerceau ; il en enlace les extrémités ; il met les copeaux où il en est besoin ; il frappe les cerceaux avec le *cacheux* ou *chassoir*, qui est un coin de bois dur, de 7 à 8 pouces de longueur, de trois pouces de largeur et d'un pouce d'épaisseur par le plus gros bout, qui ordinairement forme une poignée ronde de 5 à 6 pouces de longueur. Il tient la forme de la main gauche, et le cacheux de la droite, comme on le voit *fig.* 8 ; et en coulant une des faces du cacheux le long de la forme ou des copeaux, il frappe sur le cerceau qu'il fait descendre également de tous les côtés, en faisant tourner la forme avec la main gauche : il achève de faire ensuite entrer le cerceau autant qu'il est possible, en mettant le cacheux sur le cerceau, et frappant dessus avec une espèce de maillet quarré, qu'on nomme *le clopeux*.

132. A l'égard des grandes formes, dites bâtardes ou vergeoises, on les fortifie avec plus de soin, et l'on couvre les copeaux avec des espèces de lattes, qu'on nomme *bâtons de cape (a)*, ce sont des lattes minces de bois blanc, aussi longues que la forme ; elles sont refendues et dressées à la plane, de sorte qu'il ne leur reste que trois quarts de ligne d'épaisseur, jusqu'à un pouce du bout d'une de leurs extrémités, où on laisse toute l'épaisseur du bois, afin que cette élévation, qui forme un accroc, retienne un lien de fil d'archal qu'on met au petit bout ; cette élévation se nomme *le crochet du bâton de cape.*

133. On arrange donc les bâtons de cape les uns auprès des autres, tout autour de la tête de la forme : on les lie fortement avec deux révolutions de fil d'archal tout autour du bourrelet qui fait la tête de la forme, en arrêtant les bouts du fil par un maillon qu'on fait avec des tenailles. On arrange ensuite toute la longueur des bâtons de cape sur la convexité des formes, et on les assujettit, ainsi que les copeaux, par

(a) Le mot *cape* convient au total de ces lattes ou bâtons plats qu'on met tout autour d'une forme, parceque ces lattes sont pour la forme ce qu'est une cape pour couvrir une personne qui veut se garantir de la pluie.

des cerceaux qu'on chasse avec force. Quand les copeaux sont trop épais, on les amincit avec la plane.

134. On est déterminé à raccommoder les formes, non seulement par économie, pour en tirer encore du service; mais de plus, parceque les vieilles formes sont meilleures que les neuves, le sucre s'y attache moins: il ne seroit pas même possible de se servir des formes neuves, si on ne les faisoit pas tremper pendant quatre ou cinq jours dans un bac rempli d'eau, dans laquelle on a lavé les formes qui ont servi, ce qui la charge d'assez de sirop, pour qu'elle soit en fermentation : car, de temps en temps, on voit sortir de l'eau du bac à forme, de gros bouillons; ce qui est une preuve certaine de la fermentation. Si l'on négligeoit de faire ainsi tremper les formes neuves, le grain s'attacheroit si fortement à leur intérieur, qu'on ne pourroit en retirer les pains que par morceaux. Il faut aussi mettre tremper et laver soigneusement dans de l'eau claire les vieilles formes, toutes les fois qu'on veut s'en servir, ainsi que les pots, quand on les a vidés de sirop. Mais comme il se cristallise du sucre dans les pots où le sirop a séjourné, pour ne pas perdre ce sucre, avant de mettre les pots dans l'eau, on les gratte en-dedans avec une spatule de fer, *fig.* 13, et l'on fait tomber dans un seau le sucre qui s'est détaché.

135. Pour mettre tremper les formes et les pots dans l'eau, et ensuite les nettoyer, on a ce qu'on appelle *le bac à forme*, qui est une grande caisse d'onze pieds de longueur, cinq pieds de largeur, et quatre pieds de profondeur, faite de fortes planches de chêne, calfatées avec de la mousse, et serrées les unes contre les autres avec des équerres de fer. Par-dessus, et au milieu de la longueur du bac, est une bande de fer plat; elle le traverse, et est destinée à soutenir une planche qu'on pose sur le bac, et qui s'étend de toute sa longueur : cette forme sert à supporter les formes qu'on lave, et à recevoir celles qui sont lavées et qu'il faut laisser s'égoutter.

136. Ce bac étant plein d'eau, l'on apporte les formes en piles, *fig.* 15 : si ce sont des formes pour du deux, les piles sont composées de dix formes; si les formes sont pour du trois, les piles ne sont que de huit formes, et ainsi en diminuant de nombre, à mesure que les formes deviennent plus grandes; de sorte qu'on n'en met que deux, quand ce sont des formes pour les bâtardes.

137. Il faut poser ces piles debout dans le bac. Pour cela, on se sert d'un crochet, *fig.* 16, qui saisit la plus basse forme par le bord, et tenant de la main gauche la pointe de celle qui est au haut de la pile, on descend la pile perpendiculairement, et l'on retire le crochet.

138. Il arrive quelquefois que quelques piles se couchent au fond du bac; pour les redresser, on se sert d'un anneau qui est au bout d'un

manche ; on passe, *fig.* 17, la pointe de la dernière forme dans l'anneau, et ainsi on relève la pile. Cet instrument se nomme *redresseur* ou *l'anneau du bac à forme*, ou encore *la boucle du bac à forme*.

139. Quand les formes ont trempé deux ou trois jours, on les retire de l'eau les unes après les autres ; un serviteur couche devant lui, sur la planche du bac, la forme qu'il vient de tirer ; ensuite, avec une loque, qui est un vieux morceau de blanchet, il lave bien la forme, tant en-dedans qu'en-dehors ; et à mesure qu'il les a lavées, il les pose devant lui sur la planche, le petit bout en-haut, pour les laisser s'égoutter : tout cela se voit *fig.* 18.

140. Comme il arrive assez souvent que des formes se rompent, et que les morceaux tombent au fond du bac, on les pêche avec une marre creuse percée de trous, qu'on nomme *tire-pièce*, *fig.* 19.

141. Quand les formes sont lavées et égouttées, on les porte sur la table à taper, *fig.* 20, où un serviteur les prend les unes après les autres. Il commence par les frapper avec le plat d'un petit cacheux, épais d'un demi-pouce, large de trois, long de sept à huit. Il reconnoît par le son, si la forme n'est point fêlée, ou si la fêlure est bien serrée et soutenue par les copeaux et les cercles : si cela n'étoit pas, il la mettroit à part, pour la porter au raccommodeur de formes, *fig.* 8. Quand elles ont été sondées et reconnues en bon état, il prend dans un seau de petites languettes de linge qui trempent dans de l'eau ; il en forme des bouchons qu'on nomme *tapes*, il les fait entrer dans le trou de la pointe de la forme, et il donne dessus un coup du plat du cacheux ; c'est ce qu'on appelle *taper les formes*. Par cette opération, l'on ferme le trou qui est à la tête des formes, afin que le sucre qu'on mettra dedans encore chaud, ne s'écoule point en trop grande quantité ; car lorsqu'on laisse refroidir le sucre dans les formes, le grain se forme ; et quand on ôtera les tapes, il ne s'écoulera que la partie sirupeuse. Les formes étant tapées, on les porte dans un atelier, *fig.* 21, qui est encore de plain-pied, et qu'on nomme *l'empli*, *fig.* 22. C'est là que nous avons laissé le sirop cuit, qu'on a déposé dans une chaudière roulante : passons dans cet atelier, pour reprendre les opérations qu'on y fait.

De l'empli, et des différentes opérations qu'on y fait.

142. Nous avons dit qu'on portoit avec des bassins, *pl.* 4, *fig.* 3, le sucre clarifié et cuit dans une ou deux chaudières roulantes, *fig.* 2, qui sont dans l'atelier qu'on nomme *l'empli*. On met dans ces chaudières, trois, quatre, cinq, six, et jusqu'à sept et huit cuites, selon la quantité de sucre qu'on veut cuire ; et lorsqu'on a vidé la première cuite, on *mouve* (c'est le terme usité) ou l'on remue fortement le sucre nouvellement apporté : on emploie pour cela un mouveron semblable à ceux

dont il a été parlé plus haut, lorsqu'on a exposé la manière de clarifier le sucre. L'effet de ce mouvement est de donner au sucre la facilité de se former en grain. En effet, un petit quart d'heure après cette opération, il se forme sur la surface du sucre cuit, qui jusque-là n'avoit paru qu'une simple liqueur, une croûte de l'épaisseur d'une petite pièce d'argent. Cette croûte est composée d'une infinité de petits grains unis les uns aux autres, et elle prend consistance dans toute l'étendue de la chaudière. Elle s'épaissit ensuite un peu davantage, et se trouve par-dessous garnie de grains plus gros que ceux qui la composent, et qui ont l'air de petits grains de sel pour la grosseur. Il se forme des grains semblables sur toutes les parois des chaudières, au-dessous de la croûte dont nous venons de parler; et il se précipite au fond une quantité plus grande encore de ces mêmes grains. Lorsqu'on a porté la seconde cuite, on mouve la première et la seconde ensemble. Il y a des raffineries où l'on mouve jusqu'à trois et quatre fois le sucre dans les chaudières, à mesure qu'on apporte de nouvelles cuites. Il se forme toujours, dans l'espace d'une cuite à l'autre, une nouvelle croûte sur la surface du sucre; et la précipitation du grain au fond continue de se faire aussi. Enfin, l'on apporte les deux ou trois dernières cuites. Lorsqu'on en fait six ou sept sans mouver le sucre, on se contente de vider tout doucement les nouvelles cuites dans les anciennes: la croûte alors se rompt dans un endroit seulement, parcequ'on laisse couler la liqueur très lentement et en petit volume. Cette opération s'appelle *couler;* et c'est ce qui fait qu'on appelle les chaudières de l'empli *chaudières à couler.* Cependant les croûtes continuent de s'épaissir sur la surface du sucre. Les grains attachés aux parois des chaudières s'augmentent, et deviennent comme des grains de sel ordinaire; et le grain se dépose au fond des chaudières avec tant d'abondance, qu'on en trouve quelquefois, sur-tout dans les sucres faits avec de bonnes matières, l'épaisseur de trois et quatre doigts: il se forme des mottes pelotonnées de ces grains, de la grosseur d'un œuf.

143. Lorsque la dernière cuite est vidée, on gratte avec une spatule de fer tout le grain qui s'étoit attaché sur les parois des chaudières: ensuite, avec le mouveron, l'on détache le grain du fond des chaudières. On mouve et on mêle avec soin tout ce grain avec ce qui est resté liquide, et l'on se met aussitôt en devoir de vider le tout dans les formes. Pour cela, on a soin d'avoir auprès des chaudières de l'empli deux *canapes*, *fig.* 4. Ce sont des espèces de chevalets de menuiserie, dont le bois est de trois pouces d'équarrissage: ils ont à peu près deux pieds de hauteur sur quinze pouces de largeur, et ils servent à supporter les bassins pendant qu'on les emplit. Souvent on met une table de plomb laminé sur le canape, et elle forme une bavette dans la chaudière, pour ne point perdre de sucre.

144. Pendant que la dernière cuite, qu'on appelle *la cuite pour emplir*, est sur le feu, on porte les formes tapées dans l'empli, et des serviteurs les plantent, *fig.* 6; c'est-à-dire, qu'ils les arrangent debout la pointe en-bas, ayant une grande attention que le bout évasé ou le fond soit bien de niveau. On en met trois rangs les uns devant les autres : on n'en mettroit que deux si c'étoient des bâtardes; (*a*) car il faut que les ouvriers qui portent les bassins puissent emplir toutes les formes sans passer entre elles; ce qui ne se pourroit faire, si les trois rangs faisoient une trop grande largeur. Quand on a établi trois rangs de forme dans toute la longueur de l'empli on en établit trois autres pour être emplies dans la suite; et afin d'empêcher qu'elles ne se renversent, on les appuie avec des formes cassées, dont on met le fond en-bas; et quand on met le second ou le troisième rang, on ôte ces appuis pour les poser vis-à-vis des formes qu'on plante actuellement, comme on le voit *pl. IV*, *fig.* 6.

145. Les canapes, *fig.* 4, étant placées auprès des chaudières A, *fig.* 2, avec la bavette de plomb, et par-dessus les bassins de l'empli, qui diffèrent peu des autres (seulement leurs bords supérieurs n'ont point les oreilles qui se recourbent vers le dedans), un contre-maître, *fig.* 2, ou très souvent les serviteurs même *puchent* le sucre, emplissent leurs bassins, et les portent jusqu'aux formes pour le vider dedans. Quoi qu'il en soit, un ouvrier, *fig.* 2, puise du sucre dans la chaudière avec un pucheux ou grande cuiller, et il en emplit les bassins B. Les serviteurs les prennent à mesure qu'ils sont pleins, en les saisissant par les anses, et s'aidant du devant d'une de leurs cuisses, contre laquelle le fond du bassin s'appuie, *fig.* 10. Ils se rendent devant les formes plantées; ils font couler doucement le sucre cuit, encore fluide par le côté du bec du bassin, et à cette première fois ils ne remplissent les formes qu'au quart. Ils reviennent ensuite verser encore du sucre dans les mêmes formes qu'ils remplissent à demi; puis à une troisième ronde ils les remplissent aux trois quarts, et ils finissent de les remplir avec le fond de la chaudière, où il y a beaucoup de grain. On observe cet ordre en emplissant les formes, parceque le grain se formant à mesure que le sirop se refroidit dans la chaudière de l'empli, si l'on emplissoit tout de suite les formes, les premières ne contiendraient pas autant de grain que les dernières.

146. Cependant l'usage d'emplir à quatre fois chaque forme n'a guère lieu que pour les pains de 7 livres, lorsque du sucre des deux chaudières de l'empli on ne veut faire qu'un seul *empli*. (On appelle de ce nom une certaine quantité de pains qu'on emplit de plusieurs cuites réunies et amassées ensemble dans les chaudières à couler : ainsi dans

(*a*) On a eu tort d'en mettre un plus grand nombre aux *figures* 7 et 9.

un jour on fait 4, 5, 6 et 7 emplis; c'est-à-dire, qu'on vuide les chaudières de l'empli 4, 5, 6 et 7 fois : chaque empli est composé de 3, 4, 5, 6 cuites et plus, selon la quantité de pains qu'on veut faire à chaque empli, ou à chaque fois qu'on emplit.) L'usage ordinaire, sur-tout pour toutes les petites formes jusqu'aux 4 livres, est de ne les emplir qu'à deux fois. On emplit d'abord la forme au moins aux trois quarts, et on l'achève ensuite avec du sucre plus en grain, qui se trouve au fond des chaudières.

147. Quoiqu'on ait soin d'emplir les formes pendant que le sucre cuit est encore fort chaud, il se précipite, comme je l'ai dit, du grain cristallisé au fond de la chaudière. On le gratte avec une spatule, *fig.* 5; on le rassemble au milieu de la chaudière; on le ramasse avec le pucheux; on le met dans les bassins, et les serviteurs achèvent de remplir les formes avec ce grain en partie formé, qu'ils distribuent également sur toutes les formes.

148. On laisse le sucre se refroidir dans les formes. Quand le refroidissement est au point convenable, ce qui varie dans les différentes raffineries, où l'on prétend que la beauté du sucre dépend beaucoup de cette circonstance, quoi qu'il en soit, quand on voit qu'il s'est formé à la superficie une croûte de grain, on *opale*; c'est-à-dire, que tous les ouvriers prennent à la main ce qu'ils nomment *un couteau*, *pl. IV*, *fig.* 1. C'est un morceau de bois plat et mince, long de trois pieds et demi ou quatre pieds, suivant la grandeur des formes, large d'un pouce et demi, épais de cinq lignes au milieu, et qui, diminuant d'épaisseur vers les deux côtés, forme par les bords un tranchant mousse : le bout d'en-haut est arrondi dans la longueur de six à sept pouces pour y former une poignée. On brise, pour ainsi dire, le grain de sucre avec ce couteau, comme le représente l'ouvrier, *fig.* 12. On plonge le couteau perpendiculairement; on le retire entièrement, on le renfonce de nouveau, faisant trois fois le tour de chaque forme, comme nous l'expliquerons plus en détail dans un instant. On laisse encore les formes se refroidir une demi-heure, ou trois quarts d'heure, suivant la grandeur des formes; enfin, quand il s'est formé sur la superficie des formes une nouvelle croûte que le raffineur juge assez épaisse, en appuyant le doigt dessus, il fait *mouver*. Cette opération se fait encore avec le couteau, et elle n'est qu'une répétion de la première, qu'on nomme *opaler*.

149. Les serviteurs rompent les croûtes avec le couteau à sucre; puis ils enfoncent le couteau jusqu'au fond de la forme; ils le retirent jusqu'à ce que le bout du couteau soit sorti du sirop; ils passent ensuite le plat du couteau tout autour, le faisant couler contre le dedans de la forme pour en détacher le sucre, afin qu'il n'y ait pas un seul point de

la concavité de la forme où le sucre reste attaché; et pour cela on fait trois fois le tour de la forme.

150. Il ne faut pas attendre trop tard à mouver; car si le grain s'étoit rassemblé et avoit commencé de faire masse, le couteau venant à le briser, lui causeroit un préjudice considérable, parcequ'il formeroit dans la masse du grain des sillons qui se rempliroient de sirop; en sorte que le sucre ne seroit jamais aussi serré dans ces endroits qu'ailleurs, l'eau de la terre pourroit y former des gouttières.

151. Le lendemain, dès le matin, l'on monte les formes dans les greniers ou chambres hautes, par des tra pes qui sont aux différens etages; on les nomme *traquas*.

152. Quand les pains sont petits, comme les planchers des raffineries sont bas, les ouvriers se les donnent à la main; mais quand les pains sont gros, ils se servent, pour monter les formes et les pots, de ce qu'ils appelent *un bourrelet*, *fig.* 14. C'est effectivement un bourrelet de corde suspendu avec quatre cordons qui se réunissent à un crochet, comme au plateau d'une balance. Il est sensible qu'en mettant la forme dans ce bourrelet, elle est soutenue fort droite; alors avec la corde unique qui répond au crochet, et qui passe dans une poulie, on l'élève à tel étage qu'on veut. Quand on a à monter des corps pesans, comme de la terre, on se sert, ou d'un baquet, *fig.* 11, qui a deux anses qu'on saisit par deux crochets, *fig.* 25, ou d'un seau qui n'a qu'une anse, dans laquelle on passe un crochet unique, *fig.* 24, comme on le voit *pl. IV*, *fig.* 23, et *pl. V* et *VI*. Cette communication des différens étages par les traquas, est commode et expéditive, tant pour monter que pour descendre les sirops, la terre, etc. Néanmoins, pour descendre les sirops, on se sert quelquefois d'une gouttière ou dalle: nous en parlérons dans la suite.

Des opérations qui se font dans les greniers.

153. On laisse d'abord égoutter de lui-même le sirop le plus coulant. L'endroit où le sucre se purge ainsi de son premier sirop, s'appelle *le grenier aux pièces*, *pl. V*. Pendant que cette opération se fait lentement et d'elle-même, on retourne au rez-de-chaussée pour préparer les terres; ensuite on monte la terre préparée dans les greniers pour *terrer* ou mettre une couche de terre sur le fond des formes; enfin l'on donne quelques préparations aux pains pour les disposer à être mis à l'étuve. Nous allons expliquer ces différentes opérations dans autant d'articles particuliers. Nous remarquerons seulement que, dans quelques raffineries, lorsqu'on en a la commodité, on laisse pendant quelques jours les grosses pièces, comme les bâtardes fondues, couler leur premier sirop

dans un endroit chaud, jusqu'à ce qu'elles soient bonnes à couvrir : ensuite on les ôte pour les planter et les gouverner sans chaleur, jusqu'à ce qu'elles soient bonnes à découvrir; après quoi on les remet à la chaleur comme auparavant, afin qu'elles se purgent plus promptement. Ces déplacemens n'ont point lieu pour les sucres raffinés; ceux-ci restent ordinairement dans la chambre aux pièces, où on les met au sortir de l'empli, jusqu'à ce qu'ils entrent à l'étuve.

Du grenier aux pièces.

154. Quand les pains, chacun dans leurs formes, sont montés dans les greniers, on *détape* chaque forme; c'est-à-dire qu'on ôte le bouchon de chiffon qui fermoit l'ouverture de la pointe; et pour que le sirop s'écoule mieux, on perce la pointe du pain avec un poinçon emmanché dans un morceau de bois : ce poinçon se nomme *une alêne*, *pl. V*, *fig.* 2. Sur-le-champ on pose chaque forme la pointe en-bas sur un pot qui est proportionné à sa grandeur, comme je l'ai plus haut. Ce qui se passe alors dans chacun de ces pains est très curieux. A peine ces formes sont-elles sur leurs pots, que le sirop commence à dégoutter. Les premières gouttes qui descendent par la pointe, opèrent sur la patte, qui est la partie supérieure et la plus large, un léger changement de couleur. Jusqu'alors toute la patte paroissoit rougeâtre : elle commence à paraître tachetée de blanc. A mesure que le sirop dégoutte peu à peu, le blanc de la patte augmente; et au bout de huit, dix, douze heures, pour le beau sucre, elle paroît d'un jaune clair tirant sur le blanc. (Ce blanc cependant est bien différent de celui que le sucre acquerra sous la terre.) On le laisse ainsi plusieurs jours se purger, pendant lesquels il emplit presqu'en entier le pot sur lequel il est posé.

155. Cependant il ne diminue point de volume, et il remplit la forme entière, comme s'il n'avoit pas coulé une goutte de sirop; mais son poids est considérablement diminué, parceque tout le sirop qui en est sorti remplissoit exactement tous les interstices qui se trouvent entre tous les grains qui composent ce pain, lequel ne forme plus pour lors qu'un corps considérablement poreux.

156. Il se fait donc, par cette première opération, qui paroît le seul ouvrage de la nature, une séparation de deux substances bien différentes. D'une part, le sel essentiel appelé *sucre*, demeure dans la forme, ayant une consistance solide, comme un grain sec, épuré, d'une couleur blonde, et débarrassé d'une liqueur qui le pénétroit et l'enveloppoit au point de paroître identifiée avec lui. D'autre part, il coule dans le pot une liqueur épaisse, gluante, rouge, et qui (par le travail par lequel elle passera pour être réduite en bâtarde, comme on le verra dans la suite), ne peut plus rendre qu'un sel d'une qualité fort inférieure à celle de la matière qui l'a produit.

157. L'art du raffineur paroît peu dans cette première opération, puisqu'il semble n'y avoir de part que par la soustraction de la tappe ou du bouchon de la pointe de la forme. Cependant on peut dire que cette opération ne peut avoir de succès que par l'habileté du raffineur, ou tout au moins de celui qui cuit le sucre. Il faut qu'en cuisant le sucre, il y laisse assez d'eau pour que cette liqueur visqueuse, appelée *sirop*, se dégage aisément du sucre ; et que, d'un autre côté, il n'en laisse pas trop, parceque la quantité de ce sirop seroit trop abondante, et que le grain, dont le pain demeureroit composé, formeroit un corps difforme, par la grosseur des molécules ou cristaux qui ne seroient plus serrés, et par la grandeur des interstices.

158. Le sirop le plus coulant, celui qui est le plus gras, et qui a le moins de disposition à fournir du grain, s'écoule donc de lui-même dans le pot : alors les formes sont posées sans ordre dans les greniers, *pl.* 5, *fig.* 3. On les y laisse en cet état à peu près huit jours, si les formes sont de grandeur à faire du quatre ou du six. Mais comme les belles cassonades se purgent plus promptement que les moscouades fort brunes, et comme le sirop s'écoule mieux quand l'air est chaud et humide, que quand il est froid et sec, le mieux est de tirer quelques pains des formes, et examiner en quel état est le grain ; car il seroit dangereux de laisser trop long-temps le sucre dans les formes avant de terrer : le grain se durciroit tellement, qu'on ne pourroit retirer les pains des formes, et le sirop, endurci sur le grain, l'abandonneroit difficilement ; ou bien l'eau de la terre, pour emporter le sirop, dissoudroit la plus grande partie du grain.

159. Quand on travaille beaucoup, le grenier se trouve entièrement rempli de formes plantées sur leurs pots : on a seulement eu soin de laisser à un des bouts un espace vide, capable de tenir cent vingt ou cent cinquante pots ; cet espace étant nécessaire pour changer, ainsi que nous allons l'expliquer.

Ce que c'est que changer.

160. Les pots s'étant presque remplis de sirop, il courroit risque de se répandre si on ne les vidoit pas. D'ailleurs, il est bon de mettre à part les différens sirops ; car les premiers sont plus gras et moins bons que ceux qui coulent ensuite. On ôte donc de dessous les formes les pots qui ont reçu le premier sirop : on les renverse sur de plus grands pots, *pl.* 5, *fig.* 4 ; on les y laisse s'égoutter ; et pendant ce temps, on pose les formes sur d'autres pots vides ; c'est ce qu'on nomme *changer*.

Ce que c'est que gratter.

161. Quand tous les pots d'un grenier sont changés, on commence

l'opération qu'on nomme *gratter;* pour cela, on ôte deux formes de dessus leur pot; on les pose sur le bord de la caisse à gratter, *fig.* 5, comme on le voit *fig.* 6, de façon que le bout évasé pose sur une des traverses de cette caisse qui a deux pieds de longueur, seize pouces de largeur, et neuf pouces de profondeur: ensuite, avec un couteau ordinaire, on cerne tout autour de la base du pain, pour la détacher de la paroi intérieure de la forme; et le sucre que le couteau détache, tombe au fond de la caisse à gratter.

162. A mesure que les formes sont grattées, on les pose, le bout le plus large en bas, sur des planches placées sur les formes, *fig.* 7, qui sont plantées sur leur pot, et on les laisse en cette situation une demi-heure ou trois quarts d'heure avant de les *locher*, c'est-à-dire, de les tirer de leurs formes.

163. J'ai dit qu'il convenoit de tirer les pains des formes, avant qu'ils soient trop secs, afin de prévenir qu'ils ne contractassent trop d'adhérence avec la forme; et c'est pour cette raison qu'on gratte pour détacher le fond des pains, parceque la partie la plus évasée du pain qui étoit en-haut, s'étant plus desséchée que le reste, elle s'est plus attachée à la forme; et on tient le pain, une demi-heure ou trois quarts d'heure avant que de le locher, dans une situation renversée, afin que le sirop qui s'étoit rassemblé à la pointe, et qui l'avoit extrêmement attendri, retombe dans le corps du pain qui pourroit être trop durci. Par cette manoeuvre, on fait en sorte que tous les pains prennent une solidité à peu près uniforme; ce qui les dispose à sortir plus facilement des formes ou à être lochés.

Comment on loche.

164. On prend, les unes après les autres, les formes grattées et retournées, comme on vient de le dire; on les porte sur un bloc, *fig.* 8, pour les locher, c'est-à-dire, pour tirer les pains des formes. Alors, on pose le plat de la main sur le bout évasé ou le fond du pain; on frappe à plusieurs fois et doucement le bord de la forme sur le bloc; et quand on sent que le pain quitte la forme, on la lève de la main droite: alors le pain reste sur la main gauche. On examine en quel état il est, si le pain est bien uni dans toute la longueur de la forme, si le grain a une couleur perlée; et si la tête où le sirop s'est rassemblé n'est point trop brune, on juge que le sucre a été bien raffiné; si au contraire on aperçoit des marques tirant sur le jaune ou sur le roux, ou même noirâtre, on peut être certain que le sucre est gras, et que, pour emporter ces taches avec la terre, il faudra occasionner beaucoup de déchet. Aussitôt qu'on a examiné les pains, on les recouvre avec leur forme, et on les porte à l'autre extrémité du grenier, pour les planter

G

et former les lits. *Planter*, c'est mettre la forme le petit bout en bas sur un pot; et *former les lits*, c'est faire des bandes de formes qui traversent le grenier, *fig*. 9, et qui soient composées de douze formes posées à côté les unes des autres, si les formes sont pour des pains de 2 ou de 3; on n'en met que dix, si les formes sont pour des pains de 4, et seulement 8, si elles sont pour des pains de 7 : ce qui détermine à ne donner qu'une certaine largeur aux lits, c'est pour qu'on puisse atteindre au milieu. On laisse donc entre chaque lit un sentier de trois pieds de largeur, et encore un pareil sentier dans toute la longueur du grenier, comme on le voit, *pl*. 5, *fig*. 9 et 10.

165. Quand tout est planté et disposé par lits, on fait les fonds, comme je l'expliquerai après avoir parlé de la manière de mettre en poudre le sucre blanc qu'on doit employer à cet usage.

Manière de piler le sucre.

166. On a besoin de sucre blanc pour mettre sur les fonds, comme je l'expliquerai dans un instant : ainsi, quand on manque de cassonade blanche, qui est du sucre raffiné et terré qu'on envoie des îles, il faut mettre en poudre des cassons : on ne se trouve guère dans ce cas, parceque la plupart des cassonades qui viennent des îles, sur-tout de Saint-Domingue, sont très blanches; cependant il faut être attentif dans le choix des cassonades, qui sont plus ou moins blanches, suivant les endroits où l'on a coupé les pains, parceque, quelque soin qu'on ait eu à clarifier le vesou, il y a différentes nuances depuis la patte jusqu'à la tête, et l'effet de la terre n'est pas égal dans toute la longueur des grandes formes qu'on a coutume d'employer dans les îles. Il suit de là qu'il y a des cassonades de bien des sortes différentes, et ce sont les plus belles qu'il faut choisir pour faire les fonds; mais comme elles ont été pilées grossièrement aux îles, où l'on se contente de les briser assez pour les mettre en barrils, on est obligé de les piler de nouveau: pour cela, on a une grande pile creusée dans un gros corps d'arbre de 14 à 15 pieds de long sur 15 à 18 pouces d'équarrissage : la barrique étant défoncée, on la renverse sur cette pile : on fait peu à peu tomber dedans le sucre qu'elle contient, en le tirant avec un crochet, *fig*. 14; et les ouvriers rangés le long de la pile, et ayant à la main un pilon, *fig*. 15, pulvérisent le sucre; on le ramasse ensuite avec une pelle, *fig*. 8, pour le jeter peu à peu sur un crible de fil de fer, *fig*. 13, qui est établi sur un baquet, *fig*. 16; et ce qui n'a pu passer par le crible, qu'on nomme *les crottons*, est rejeté dans la pile, pour être pilé de nouveau. Comme le crible de fer a les mailles assez grandes, le sucre passé n'est pas fort fin; il seroit mieux et peu embarrassant d'avoir des cribles beaucoup plus fins.

167. Le lieu où l'on pile le sucre est au rez-de-chaussée auprès de l'empli; ainsi, pour monter le sucre en poudre aux greniers, on le met dans des baquets à anses, et on le monte par les traquas, comme on le voit, *pl.* 5, *fig.* 1.

Manière de faire les fonds.

168. Pour faire les fonds, on ramasse avec une truelle, *pl.* 5, *fig.* 11, tout le sucre qui est tombé dans la caisse à gratter, *fig.* 5 et 6; on le met dans un seau avec le sucre qu'on a monté de la pile, et l'on va remplir avec cette même truelle, *fig.* 11, le vide qui se trouve au fond de chaque forme, jusqu'à un demi-pouce au-dessous des bords, cet espace étant nécessaire pour recevoir la terre. On unit bien cette couche de sucre, et on la bat avec le plat de la truelle.

169. On conçoit que le sirop qui s'est écoulé dans les pots, a fait un vide au haut de la forme; et ce vide s'augmente encore lorsqu'on gratte, sur-tout si l'on s'aperçoit que sur la patte il se soit amassé du sirop qui forme des taches brunes: c'est pour remplir ce vide, qu'on ajoute du sucre raffiné et en poudre; il en faut environ cent livres pour faire les fonds à mille livres de sucre. Si l'on y mettoit du sucre liquide clarifié et cuit, il s'en échapperoit du sirop qui attendriroit et jauniroit le grain, au lieu que le sucre en poudre n'ayant point à se purger, il ne peut produire ni dommage ni déchet; mais il faut bien unir et taper cette couche de sucre en poudre; sans quoi, l'eau qui doit suinter de la terre qu'on va mettre sur les fonds, s'amasseroit dans les cavités, y feroit fondre le grain, et occasionneroit des gouttières.

170. Quand les fonds sont faits, on les couvre de terre; mais, avant de détailler cette opération, il faut parler de la préparation de cette terre.

De la terre qu'on met sur les formes, et de sa préparation.

171. Quand, dans les laboratoires de chimie, on est parvenu à obtenir des cristaux de sel au milieu d'une eau-mère, fort grasse, ces cristaux empreints de cette eau-mère sont jaunes; pour les éclaircir, on les lave, c'est-à-dire, qu'on jette dessus de l'eau fraîche en grande quantité, qu'on renverse sur-le-champ, pour qu'elle emporte l'impression de l'eau-mère sans fondre ni dissoudre les cristaux, qui, par ce lavage, deviennent beaucoup plus transparens. La même chose se fait dans les raffineries pour nettoyer le grain, en le dégageant du sirop gras qui lui ôte sa blancheur et sa transparence. Mais on s'y prend d'une façon très industrieuse: le sucre étant dans les formes, on le couvre d'une

couche de terre détrempée dans de l'eau : cette terre abandonne peu à peu l'eau qu'elle contient : cette eau traverse par instillation toute l'épaisseur du pain de sucre ; elle dissout le sirop ; elle l'emporte avec elle, et le grain du sucre reste blanc. Peu de terres sont propres à cet usage : toutes celles qu'on emploie en France, viennent d'auprès de Rouen ou de Saumur. Il n'est pas douteux qu'on en trouveroit ailleurs, si l'on se donnoit la peine d'en chercher. Elle doit être blanche, pour ne point colorer le grain : de plus, il faut qu'elle soit fine, déliée, sans mélange de pierres ni de sable : elle doit être grasse au toucher, pétrissable, indissoluble par les acides. A bien des égards, elle ressemble à la glaise ; mais elle en diffère en ce que la glaise retient l'eau qu'on a employée pour la pétrir, au lieu que la terre dont il s'agit la laisse échapper peu à peu (*a*). Si l'on met de cette terre détrempée sur un filtre, l'eau s'écoule en partie, au lieu que l'humidité de la glaise ne se dissipe qu'en vapeurs et par évaporation. Ainsi, la bonté des terres qu'on emploie pour le sucre, se réduit à peu près aux trois conditions suivantes : 1°. de ne point teindre l'eau dans laquelle on la dissout ; 2°. de la laisser filtrer d'une manière douce et insensible ; et 3°. de ne pas beaucoup s'imbiber de la graisse du sucre.

172. Les terres qui colorent l'eau dans laquelle on les lave, pourroient imprimer leur couleur au grain qu'elles traversent.

173. La terre grasse et forte, qui ne rend point l'eau dont on l'a imbibée, ou qui la repousse vers la superficie, où elle se dissipe en vapeurs, n'est point propre à terrer le sucre, puisque le bon effet des terres qu'on emploie, consiste dans une instillation qui lave le grain.

174. Les terres fort sablonneuses laissant échapper leur eau trop promptement, formeroient des fontaines dans les pains, ou au moins un grand déchet sur le grain.

175. Enfin, les terres qui s'imbiberoient de la graisse et qui ne l'abandonneroient pas aisément, ne pourroient pas servir une seconde fois, ce qui occasionneroit une perte que l'on évite avec les bonnes terres, qui servent continuellement sans éprouver beaucoup de diminution.

176. La terre qu'on tire de Rouen arrive en pelotes comme des savonnettes ; celle de Saumur est ordinairement dans des barriques.

177. On la tire des futailles en la brisant à coups de pic et de pioche, *pl.* 5, *fig.* 12. Pour la préparer, on la jette avec la pelle dans le bac à terre, *fig.* 13, qui a au moins cinq pieds de diamètre sur quatre pieds de hauteur : au milieu de la hauteur est un bondon qu'on ferme avec un tampon. Quand le bac est à moitié plein de terre, on achève de l'emplir avec de

(*a*) Je crois que celle de Rouen est la même dont on fait les pipes.

l'eau nette : alors un ouvrier monté sur une planche *a b*, qui est établie sur le bac, remue fortement l'eau et la terre avec un instrument *b* emmanché en croix, *fig.* 14, ou *c*, *fig.* 13, qu'on nomme *le piqueux du bac à terre*. Quand la terre s'est précipitée, et que l'eau est devenue claire, on débouche le bondon du bac pour laisser échapper l'eau : on remet ensuite le bondon et de nouvelle eau sur la terre. On fait agir le piqueux : on laisse encore précipiter la terre pour vuider l'eau qui l'a lavée et en remettre de nouvelle ; ce qu'on nomme *rafraîchir*. Si on laissoit l'eau se corrompre sur elle, la terre contracteroit une mauvaise odeur qu'elle communiqueroit au sucre. On continue cette manœuvre pendant huit jours. Quand l'eau ne prend plus aucune impression de couleur verte ni jaune, et qu'elle ne conserve aucun goût de la terre qui, par l'opération du piqueux, est devenue comme une bouillie au dernier rafraîchissage, on laisse échapper la plus grande partie de l'eau, jusqu'à ce qu'il n'en reste sur la terre qu'une nappe de trois à quatre pouces d'épaisseur. Alors trois ou quatre ouvriers prennent des mouverons, *fig* 15 : ils remuent la superficie de la terre avec l'eau qu'on y a laissée ; et pour cela ils impriment à leurs mouverons à peu près le même mouvement que des rameurs donnent à leurs avirons. Quand la superficie est bien détrempée, on pose sur un bloc un seau de douves cerclé de fer, et avec un pucheux on met dans ce seau la couche de terre qui est fort amollie ; après quoi on la porte à la *couleresse*, *fig.* 16, qui est une forte timbale de cuivre, *fig.* 17, de deux pieds de diamètre, percée de trous qui ont une ligne ou une ligne et demie de diamètre. Cette passoire est établie sur un bac, comme on le voit *fig.* 16, et retenue avec quatre fortes moises de bois *a*, *b*, *c*, *d*, assemblées les unes avec les autres, *fig.* 17. Au centre de cette passoire tombe un balai, dont le manche passe librement dans un trou fait à une planche pour le recevoir sans le gêner, afin de le retenir dans une position verticale. On verse les seaux remplis de terre dans la couleresse ; et un homme faisant agir circulairement le balai, comme on voit *fig.* 16, détermine la terre à passer par les trous, et à tomber dans le bac. Pendant cette opération, les ouvriers continuent à faire agir les mouverons dans l'autre bac, *fig.* 13, et au bout d'un certain temps on enlève une autre couche de terre pour la porter à la couleresse ; ce que l'on continue tant qu'il y a de la terre dans le bac. Qand elle a passé par la couleresse, elle est préparée : on est alors assuré que toutes les parties de la terre sont délayées, et qu'elle est en état de servir.

178. Les *esquives*, ou les gâteaux de vieille terre, qu'on a levées de dessus les formes et qu'on a fait sécher à l'ombre, sont traitées comme les terres neuves, et elles servent aux mêmes usages. On les estime même mieux que les neuves ; on prétend qu'elles occasionnent moins de déchet.

179. Les terres ainsi préparées sont mises dans des seaux ou des baquets, et montées aux greniers par les traquas, comme on le voit *fig.* 1 ; suivons-les dans ces greniers pour voir couvrir.

Comment on couvre le fonds des pains avec la terre.

180. Quand les fonds sont faits, et que les formes sont arrangées par lits, *fig.* 9 ou 10, comme nous l'avons expliqué plus haut, on les couvre d'une couche de terre. Pour cela, la terre préparée étant montée dans les greniers, un serviteur, *fig.* 10, prend à sa main une petite cuiller de cuivre, *fig.* 18, qui peut contenir une pinte, sur laquelle est rivée une douille pour recevoir un manche de bois d'environ trois pieds de longueur.

181. La consistance de la terre doit être telle qu'en y formant un petit sillon d'environ un pouce de profondeur, il ne doit se fermer entièrement que peu à peu : ainsi c'est une vraie bouillie.

182. Des serviteurs, *fig.* 10, prennent leur petite cuiller, et avec cet instrument ils puisent de la terre qui est dans le seau, et ils la versent sur les fonds. Comme il faut plus de terre pour les gros pains que pour les petits, on proportionne la grandeur des cueillers à celle des pains.

183. Après ce que nous avons dit plus haut, l'on conçoit que l'opération de la terre consiste à laisser échapper son eau peu à peu pour laver le grain : il suit de là que, si l'on mettoit la couche fort épaisse, la quantité d'eau qui en couleroit feroit fondre beaucoup de grain et produiroit un déchet considérable. C'est pourquoi il est bon de proportionner l'épaisseur de la terre à la qualité du sucre, en la mettant moins épaisse sur les sucres fins que sur ceux qui sont fort chargés de sirop épais. Au reste, l'épaisseur des esquives ou des gâteaux de terre, quand ils ont perdu leur eau, est de trois, quatre ou cinq lignes.

184. Pour que la terre travaille bien quand elle est sur les pains, il ne faut pas qu'elle bouille ou qu'elle forme de grosses bouteilles, et elle ne doit répandre aucune odeur. On doit de plus prévenir qu'elle ne se dessèche, ou par le vent, ou par le soleil ; car il faut que son eau traverse les pains : c'est pourquoi l'on a soin de fermer exactement tous les contrevents.

185. Au bout de deux ou trois heures, on s'aperçoit si les fonds ont été mal faits : car si la terre se creuse en quelqu'endroit, c'est signe que l'eau ayant trouvé une issue plus libre par un endroit que par le reste, elle s'y est frayée une route qui pourroit former une gouttière, si l'on n'y remédioit pas en levant la terre et en battant du sucre en poudre aux endroits où les pains se sont creusés : cet accident arrive rarement.

186. On laisse cette première couche de terre se sécher sur les pains ; ce qui dure huit à dix jours, suivant que l'air est plus ou moins sec ;

quand on s'aperçoit que la terre a rendu toute son eau, l'on ouvre les fenêtres, pour qu'elle se dessèche et qu'elle se détache plus aisément de dessus les pains.

187. Alors, pour découvrir les fonds, on cerne la terre tout autour des formes avec un couteau : on la lève de dessus le fond ; ce qui se fait aisément quand elle est suffisamment sèche : on gratte avec un couteau sur une caisse le côté de la terre qui touchoit au sucre, pour en détacher les parcelles de sucre qui pourroient y être restées adhérentes ; et les gâteaux de terre qu'on nomme *esquives*, sont mis dans des paniers, *fig.* 19, pour les laisser sécher à l'ombre : puis on les lave dans plusieurs eaux, et on les prépare comme je l'ai dit en parlant des terres neuves.

188. On brosse le fond des pains sur la même boîte où l'on a mis les parcelles de sucre qui étoient restées attachées à la terre, et la brosse, *fig.* 20, emporte une poussière noire qui restoit attachée au sucre : alors on loche ou on retire quelques pains de leurs formes, *fig.* 8, pour connoître l'effet de la première terre.

189. Le fond des pains est presque toujours assez blanc ; mais les têtes sont encore chargées de sirop. Pour achever d'en purger le grain, on fait de nouveaux fonds avec du sucre en poudre ; sur ces fonds on met une seconde terre précisément comme la première, et on la laisse se sécher de même, tenant les contrevents fermés, afin que le hâle ne dessèche point la terre. Cependant, quand la terre a fait son effet, il est à propos d'ouvrir les contrevents, pour qu'elle se dessèche un peu, afin qu'on puisse l'enlever plus aisément lorsqu'on veut mettre une troisième terre.

190. Ordinairement on terre deux fois les pains de 2 et de 3, trois fois les pains de 4 et de 7 : de sorte qu'il arrive rarement qu'on terre quatre fois, même les plus gros pains et ceux qui sont faits avec de la moscouade ou sucre brut ; car en général il faut ménager la terre aux sucres qu'on fait avec des cassonades blanches. Pour éviter le déchet, si en lochant on aperçoit du roux ou une impression de sirop à la tête, on les rafraîchit ; ce qui se fait en mettant un peu de terre sur l'ancienne, sans l'enlever ni faire de nouveaux fonds.

191. Quand on s'aperçoit que le sucre a peu baissé dans la forme, on a lieu de craindre qu'il n'ait pas bien purgé son sirop ; et pour s'en assurer, on cerne la terre tout autour de la forme, on la renverse sur une palette de bois mince, *fig.* 21, qui est ronde et plus large que le fond de la forme ; puis on loche ou on retire quelques pains de la forme, pour examiner s'il ne reste point de roux ou de sirop à la pointe. S'il en reste peu, après avoir remis le pain dans la forme et la terre par-dessus, on *estrique*, c'est-à-dire, qu'avec un couteau de bois mince, flexible, *fig.* 22, et courbe sur son plan, on pétrit la terre qui approche d'être

sèche, pour fermer les fentes qui se sont formées à la terre, afin de la réunir à la forme, et par-dessus on met une couche de nouvelle terre, comme si l'on rafraîchissoit une seconde fois. Le premier rafraîchissage se faisant une couple de jours après qu'on a mis la terre, elle ne s'est pas gersée ; c'est pourquoi on est dispensé d'estriquer. Mais quand la terre est détachée de la forme, et qu'elle s'est fendue, il faut estriquer : car, sans cette précaution, l'eau du rafraîchissage entreroit par les fentes, et endommageroit les fonds; au lieu qu'il faut qu'elle traverse l'ancienne terre.

192. Quant, en lochant, on trouve le sucre bien net, même à la tête, on change les formes de pots pour vider le sirop, et on les arrange dans les greniers, sans observer l'ordre des lits; ensuite on prend les pains les uns après les autres, pour ôter la terre qui s'enlève par pains ou esquives qu'on met dans des paniers. J'ai dit ce qu'on en faisoit; ensuite avec un couteau qui est fait comme un petit couteau de cuisine, on racle la terre qui étoit restée attachée à la forme, et on la met dans le panier aux esquives; puis on loche; et si le pain qu'on tire de la forme se montre bien blanc, on le remet dans la forme, et on le *plamotte*, c'est-à-dire, qu'on en épouste le fond sur une caisse, pour ne pas perdre le sucre qui se détache : et cette opération se fait avec une brosse à longs poils, *fig.* 20 : cette brosse est ronde; elle a environ quatre pouces de diamètre; les poils ont autant de longueur; la poignée, qui est perpendiculaire au-dessus de la brosse, a cinq à six pouces de longueur, et elle est percée d'un trou pour recevoir un ruban, dans lequel le locheur passe le poignet, pour avoir sa brosse à portée de sa main.

193. A l'égard des pains qui se trouvent roux à la pointe, on les met à part pour les estriquer, ou pour recevoir une nouvelle terre ; ce qui occasionne toujours un déchet préjudiciable au propriétaire. C'est pourquoi ceux où il ne se trouve à la pointe qu'une petite tache, et qu'on nomme *des seconds*, sont remis dans leur forme avec leur terre par-dessus, qu'on plamotte sans rafraîchir. Cela suffit ordinairement pour dissiper la tache par le peu d'eau qui est contenue dans le pain ; cette eau, en s'égouttant, emporte le peu de sirop qui formoit la tache. Mais on ne peut se dispenser de faire les fonds, et de mettre une terre à ceux où il reste des taches considérables, et qu'on nomme *des cadets* : si les cadets n'étoient pas fort défectueux, on pourroit se contenter de rafraîchir après avoir estriqué, et l'on se dispenseroit de faire de nouveaux fonds.

194. Qand la pointe des pains a perdu tout son roux, et qu'elle est nette de sirop, il seroit à désirer qu'elle se fût un peu desséchée : car comme toute l'humidité du pain descend à la pointe, il tombe dans les pots beaucoup de sirop clair, qui n'est autre chose que du sucre blanc dissous

dans l'eau qui s'égoutte de tout le pain. C'est une perte pour le propriétaire; et comme une partie du grain de la tête se trouve fondue, cette partie du pain devient graveleuse: de plus, comme le grain y est moins rapproché, elle en paroît moins blanche. Ce n'est pas tout: ces têtes très attendries, sont sujettes à rester dans les formes; et, en ce cas, au lieu d'avoir des pains marchands, on n'a que des cassons. Pour prévenir cet accident, on retourne les pains, afin que l'humidité retombe vers le fond ou la patte. On met donc sur le fond qu'on a plamotté, un morceau de papier bleu par-dessus une rondelle de bois mince, *fig.* 23, et l'on retourne le pain sans le sortir de sa forme: enfin, on pose la rondelle qui couvre la base ou le fond sur le pot, comme on le voit *fig.* 23; alors l'eau (*a*) descend vers le gros bout, et la tête devient un peu plus ferme. Mais il faut prendre garde que le fond ne s'attendrisse trop; car alors le pain pourrait s'affaisser sur lui-même. Il est vrai que, comme il y a vers le fond une épaisseur de deux travers de doigt, qui ayant été faite avec du sucre en poudre, et s'étant desséchée, reste ordinairement plus solide que le reste, on s'aperçoit si elle conserve cette fermeté, en la grattant avec l'ongle; mais si à cette épreuve, on la trouvait trop tendre, il faudrait retourner la forme et mettre la pointe en bas, pour prévenir que le fond ne s'affaissât sous le poids du pain, quoique la rondelle de bois contribue beaucoup à prévenir cet inconvénient.

195. Quand, au moyen de ces précautions, les pains ont pris une certaine fermeté, on les tire des formes, et on les arrange, le gros bout en bas, dans les greniers, sur des toiles que l'on étend par terre, *pl.* 6, *fig.* 2, afin qu'ils se dessèchent un peu avant de les mettre à l'étuve. C'est dans ces circonstances que les temps humides sont à craindre : ils obligent quelquefois, quand la patte des pains se trouve trop tendre, de remettre les pains dans les formes pour les retourner. L'hiver, on allume les poëles, et on distribue des brasières, *pl.* 5, *fig.* 24, dans les greniers; et l'été, on ouvre les fenêtres, afin que le vent dessèche les pains.

196. Je dis qu'on allume les poëles, ce qui suppose qu'on sait qu'il y a des poëles dont les tuyaux fort larges traversent tous les étages des greniers. On brûle du charbon de terre dans ces poëles, qui entretiennent une chaleur douce, nécessaire pendant l'hiver; car, comme le frais rend le sirop moins coulant, il a plus de peine à se dégager du grain. Ils servent encore à empêcher que les terres ne gèlent sur les fonds.

197. A l'égard des brasières, qu'on nomme *casses à feu*, *pl.* 5, *fig.* 24, elles sont composées d'un poële ou brasière de forte tôle, qui a vingt-cinq

(*a*) L'eau qui coule de la terre, emporte, comme nous l'avons dit, le sirop; mais elle ne blanchit pas le sucre qui a été mal clarifié. Un sucre qui a été raffiné pour faire du sucre commun, n'acquerra jamais la blancheur du sucre royal ou du superfin, quand on le terrerait quatre fois.

pouces de diamètre, et qu'on pose sur un trépied de fer. On met dedans du charbon de bois ; et quand il est allumé, pour prévenir les accidens du feu, on pose sur le poële un chapiteau de tôle percée de trous, ou un couvre-feu qui a la figure d'un cône tronqué : à la partie tronquée, qui a onze pouces de diamètre, il y a une poignée. On distribue de ces casses à feu dans les endroits où l'on a besoin d'augmenter la chaleur.

Description de l'étuve.

198. Quand le sucre est bien essuyé, comme je l'ai expliqué plus haut, on le porte à l'*étuve* ; c'est une espèce de pavillon quarré qui a dans œuvre dix-huit pieds de *a* en *b*, *fig.* 3 ; et dix pieds de *b* en *c*, *pl.* 6. On en fait les murailles assez épaisses, comme de deux pieds ou deux pieds et demi, pour que la chaleur ne s'échappe pas. La porte *c* ne doit avoir que cinq pieds et demi de hauteur, et vingt-six pouces de largeur entre les tableaux. Il est bon que les tableaux aient des feuillures en-dehors et en dedans, pour y mettre doubles venteaux, l'un qui s'ouvre en-dedans, et l'autre en-dehors, afin de mieux retenir la chaleur. Une des murailles est encore ouverte en Q, pour y placer l'ouverture du poële, qu'on nomme *le coffre*, dans lequel on fait le feu. Ce coffre est de fer fondu, long, de *g* en *e*, de trente pouces, large, de *g* en *h*, de vingt-deux, et haut, de *i* en *k*, de vingt-quatre pouces, *fig.* 11. L'épaisseur du fer est de deux bons pouces : des six côtés qui forment le coffre, quatre sont de fer et fondus d'une pièce, et deux sont ouverts ; savoir, celui du bout, *g h*, *fig.* 3, et celui de dessous *i l* ; celui du bout *g h* entre de trois à quatre pouces dans la maçonnerie, où il est exactement scellé avec des tuileaux et de bon mortier, ou de la terre à four. Le vide du dessous est appuyé sur une forte grille, où se met le charbon de terre et le feu. Sous cette grille est un grand cendrier E, *fig.* 11, dont la bouche est sous celle du fourneau, et de même grandeur ; en-dedans de l'étuve et tout autour du coffre, s'élève à six pouces de hauteur un petit mur de briques qui forme comme un socle, afin d'arrêter la fumée, et d'empêcher qu'elle ne pénètre dans l'étuve ; au-devant du fourneau est une porte fortifiée avec des barres de fer, et fermée avec un venteau de fer battu : elle a 13 à 14 pouces d'ouverture.

199. Le bas de l'étuve en-dedans est carrelé : la hauteur, depuis le dessus du chambranle de la porte jusqu'au plancher d'en-haut, se partage en six par deux rangs de soliveaux F, *fig.* 11, de 3 à 4 pouces d'équarrissage, qui sont scellés par les bouts dans les murs ; savoir, d'un bout, dans celui où est le coffre, et de l'autre, dans le mur opposé. Ces soliveaux et sablières sont marqués L dans la *fig.* 13 ; les deux soliveaux M sont coupés, et ils portent d'un bout sur une enchevêtrure G ; de sorte qu'il reste au milieu un espace vide *m n o p*, *fig.* 13, qui a cinq pieds et demi de

m en *n*, et sept pieds de *n* en *p*. Ce vide s'étend de toute la hauteur de l'étuve.

200. On cloue sur ces solives des barreaux qu'on nomme *lattes*, d'un bon pouce de largeur, sur deux pouces d'épaisseur. Ils doivent être blanchis à la varlope, et faits de bois de chêne bien sec. C'est sur ces lattes qu'on pose les pains de sucre sur tous les étages, depuis le dessus de la porte jusqu'au haut de l'étuve ; ce qui fait six étages : de sorte que du dessus des lattes d'un étage au-dessous des solives d'un autre, il y a 21 pouces. Le vide qu'on laisse au milieu de l'étuve sert à communiquer d'un étage à l'autre, afin d'y placer les pains de sucre. Mais comme cette étuve est ordinairement prise dans un des bâtimens de la raffinerie, on ménage à différentes hauteurs des ouvertures I, *fig.* 11, qui communiquent aux greniers, dont les planchers sont à la hauteur KK ; ce qui est d'une grande commodité pour mettre et retirer les pains de l'étuve. Ces ouvertures sont exactement fermées par de bons volets. Il faut sur-tout qu'il y ait une de ces fenêtres dans la chambre à plier, comme on le voit *pl.* 6, *fig.* 13, pour qu'on tire tout le sucre de l'étuve par cet endroit, où l'on doit le mettre en papier et en corde.

201. Comme il pourroit arriver que les pains qui seroient au-dessus du coffre se romproient ou fondroient à cause de la grande chaleur du poële, pour éviter ce désordre, qui pourroit mettre le feu à l'étuve, on établit au-dessus du coffre une table de fer fondu, de six lignes d'épaisseur, H, *fig.* 11, qui est portée sur un chevalet de fer. Cette table, qui feroit mieux encore si elle étoit plus grande que le coffre, empêche la grande action du feu de se porter sur les pains qui sont sur l'étage le plus bas, et immédiatement au-dessus du coffre, et elle reçoit les fragmens de sucre qui, en tombant sur le corps du coffre, y seroient brûlés.

202. Le haut de l'étuve, à la hauteur N, est fermé par un fort plancher, auquel on ménage des ouvertures de deux pieds en quarré A, *fig.* 12, qu'on peut fermer avec une trappe.

203. Au commencement des étuves, quand il s'échappe beaucoup de vapeurs, on laisse toutes les trappes ouvertes : mais ensuite on en ferme quelques-unes pour concentrer la chaleur.

204. Dans une raffinerie bien montée, il est à propos d'avoir deux étuves, parceque les gros pains étant plus difficiles à sécher que les petits, il est bon qu'il n'y ait dans une étuve qu'une sorte de pains ; ce qu'on peut observer, quand on a deux étuves.

205. Les portes des deux étuves sont renfermées dans une espèce de tambour ou vestibule M, pour que les étuves ne soient point rafraîchies quand on est obligé d'en ouvrir les portes.

Manière de mettre les pains de sucre à l'étuve.

206. Quand les pains de sucre sont suffisamment retirés, c'est-à-dire quand l'eau répandue dans le corps du pain est tombée à la patte, et que la tête paroît n'avoir plus aucun nuage, on place un carteau auprès des pains que nous avons laissés sur le plancher du grenier, *pl.* 6, *fig.* 2. On pose ce carteau sur un de ses fonds, *fig.* 6; et sur l'autre fonds, qui se trouve en-haut, on met une *planche*, sur laquelle un ouvrier, *fig.* 4, pose six pains, comme on le voit *fig.* 6, si c'est du petit ou du gros deux, ou même du trois, qu'on veuille mettre à l'étuve. On ne mettroit sur la planche que deux pains, si c'étoit du quatre ou du sept; assez souvent même on porte ces derniers un à un, mettant une main sous le pain, pendant que l'autre main le supporte vers la moitié de sa longueur.

207. Il faut de l'adresse pour manier ces pains: comme ils sont nécessairement fort tendres, ils courent risque d'être endommagés dans ces transports. Quand quelques-uns se séparent en deux, comme le représente la *fig.* 5, on rajuste exactement les deux pièces, et la chaleur de l'étuve soude les morceaux: mais ces pains ressoudés ne rendent point de son quand on les frappe, lorsqu'ils sont tirés de l'étuve. Plusieurs pains sont rompus de façon à ne pouvoir être raccommodés, et on est obligé de les vendre pour cassons, ou de les remettre dans le sucre.

208. Les pains étant portés à l'étuve, des ouvriers qui sont dans l'intérieur, établis sur des planches qu'on pose sur les solives, les reçoivent un à un, et se les donnent de main en main pour les arranger sur les lattes, comme on le voit par la fenêtre, *fig.* 3. Quand tous les étages de l'étuve sont garnis de sept à huit cents pains, on allume le feu, qu'il faut conduire avec ménagement, ne faisant les premiers jours qu'un feu très léger, qu'on augmente insensiblement. On ne doit confier le soin de gouverner le feu qu'à un homme prudent et stylé à cette manœuvre: car souvent il arrive qu'après avoir mis de beau sucre à l'étuve, on le retire très gris, parceque le feu a été mal gouverné et trop forcé les premiers jours.

209. Si, dans les grandes chaleurs de l'été, on exposoit quelques pains au soleil, dans un endroit où il n'y auroit point de poussière, ces pains se dessècheroient à la longue, puisque le soleil des beaux jours d'été fait monter le thermomètre à 60 degrés, et que souvent la chaleur de l'étuve n'est pas de 55: et ces pains seraient extrêmement blancs; mais ce moyen qui a été éprouvé sur quelques pains est impraticable en grand. Il faut nécessairement avoir recours aux étuves; et dans les étuves, il est important de faire d'abord un feu modéré. On sait par expérience qu'une chaleur douce sèche le sucre, et qu'une chaleur trop vive le roussit.

210. Quelquefois la superficie des pains qu'on tire de l'étuve est inégale et raboteuse: c'est un défaut qu'on nomme *raflage;* mais le raflage n'est

point occasionné par la chaleur de l'étuve. Quand les pains y entrent, ils sont ce qu'ils seront toujours; ils ne craignent que le coup d'étuve. Le raflage vient de ce qu'un pain est ou mal mouvé, ou mouvé trop froid, ou tiré de sa forme trop tôt.

211. Quand d'abord l'étuve a été chauffée très vivement, on aperçoit un côté des pains qui est un peu roux, ou bien on voit çà et là des taches rousses: c'est ce qu'on appelle *des coups d'étuve*. Enfin, il arrive encore que les pains qu'on a mis trop humides dans l'étuve, et qui y reçoivent une chaleur trop vive, se couchent les uns sur les autres, et qu'ils se soudent aux parties qui se touchent: cela s'appelle *du sucre qui a foulé*. Au contraire, quand on échauffe l'étuve peu à peu, l'humidité se réduit en vapeur; elle se dissipe insensiblement, et les pains sortent de l'étuve unis, blancs et sonores.

212. On augmente le feu par degrés, jusqu'à faire monter le thermomètre de Réaumur à peu près à 50 degrés au-dessus de zéro.

213. Les pains restent plus ou moins de temps à l'étuve, suivant leur grosseur; mais la durée commune d'une étuvée est de huit jours. Bien loin qu'il y eût de l'inconvénient à la faire durer plus long-temps, on croit qu'il y auroit de l'avantage. Néanmoins, quand les envois pressent, on veille l'étuve pour mettre du charbon dans le coffre pendant la nuit: mais ordinairement on se contente d'en mettre le soir; et comme le travail des raffineries commence de bon matin, l'étuve se trouve peu refroidie.

214. Pour connoître si le sucre est suffisamment étuvé, on tire un pain de l'étuve; on le rompt, comme le représente la *fig.* 5, avec le couteau et le maillet *a b*. Ensuite, ayant séparé les morceaux, on appuie l'ongle sur le sucre dans l'axe du pain; s'il résiste, on juge que le sucre est suffisamment étuvé; s'il cède sous l'ongle, c'est une preuve qu'il ne l'est pas assez.

215. Il ne faut pas retirer tout d'un coup le sucre de l'étuve; les pains se gerceroient en une infinité d'endroits, comme le verre et la porcelaine qu'on refroidit subitement; et ces pains ainsi gercés ne rendroient point de son: ce qui diminue de leur prix, quoique réellement le sucre en soit très bon. Néanmoins, on a raison d'exiger que les pains rendent du son; car c'est une marque qu'ils sont bien desséchés dans l'intérieur, ceux qui renfermeroient de l'humidité, ne rendant point de son quand on les frappe. On ouvre donc les évents et les portes de l'étuve, pour laisser la chaleur se dissiper; et quand l'étuve est en partie refroidie, des ouvriers s'établissent sur des planches posées sur les solives qui forment les étages; ils prennent les pains, et se les donnent les uns aux autres. Celui qui se trouve auprès d'une des portes les arrange sur une planche, comme lorsqu'on les a portés à l'étuve; et des serviteurs les transportent sur ces planches, *fig.* 7, dans ce qu'on appelle *la chambre à plier*. Autant qu'on

le peut, il y a une des portes de l'étuve qui répond, ou à cette chambre ; ou au moins fort près ; et, en ce cas, les ouvriers qui sont dans l'étuve se donnent les uns aux autres les pains pour les sortir tous par cette porte.

216. Dans plusieurs raffineries, on ne met point les pains sur une planche, pour les porter à la chambre à plier. Les serviteurs qui sont au-dehors de l'étuve, reçoivent les pains à la main, et les posent sur leur bras gauche, sur lequel ils ont étendu une feuille de papier gris. Ils embrassent ordinairement six pains, si c'est du grand ou du petit deux ; quatre pains, si c'est du trois ; et ainsi en diminuant, à mesure que la grandeur des pains augmente.

De la Chambre à plier et de ce qui s'y fait.

217. On porte les pains qu'on tire de l'étuve dans la chambre à plier, et on les pose doucement sur des tables revêtues de tapis de drap, *fig.* 8. Plusieurs ouvriers se placent devant cette table : chacun prend un pain, et il examine s'il n'a pas de défauts, tels qu'une petite rupture, une tache rousse, un coup d'étuve, etc. Ceux qui sont exempts de tous défauts, se nomment *blancs*, et on les met en papier et en corde sans aucune marque. Ceux qui ont quelqu'un des défauts dont je viens de parler, se nomment *restés :* on les met aussi en papier et en corde ; mais pour les faire connoître au marchand, on les marque en relevant un coin du papier qui enveloppe la pointe du pain, et qu'on nomme *gonichon*. Quand les ruptures de la tête ou de la patte sont plus grandes, on met les pains à part, et on les vend pour cassons, sans papier ni corde. Si la tache de la tête, produite par le coup de feu, étoit grande ou fort rousse, on romproit cette partie, et le reste feroit un casson. Voici maintenant comment on met les pains en papier.

218. Un ouvrier pose devant lui une feuille de papier bleu *a b c d*, *fig.* 9. Il couche dessus un pain qui déborde le papier par sa tête, de la moitié de sa longueur, de façon que la patte réponde au milieu de la feuille de papier : puis prenant l'angle *a*, il le porte en enveloppant le pain vers *e* : ensuite, il prend l'angle *b* qu'il porte vers *f*. Il appuie sur la partie du papier qui déborde le pain, pour la rapprocher de la patte ; et en ayant rapproché de même les deux côtés, il frappe la patte du pain enveloppée de papier sur la table, pour aplatir tous les plis ; c'est ce que fait l'ouvrier de la *fig.* 8.

219. Il ne reste plus qu'à couvrir la tête par un cornet qu'on nomme *gonichon*, *fig.* 10. Pour le faire, l'ouvrier pose devant lui, en diagonale, une demi-feuille de papier bleu, et par-dessus une demi-feuille de papier blanc, pour empêcher que la couleur du papier ne tache le sucre.

220. Il pose la tête du pain qui est enveloppé par la patte sur un des angles de la demi-feuille qui doit faire le gonichon. Il roule l'angle *h*, puis

l'angle *k*, autour du pain, pour former un cornet qui enveloppe la pointe du cône : enfin, il tortille le papier qui excède le pain, comme l'extrémité d'un cornet, et il donne dessus un coup du plat de la main, pour écraser cette partie.

221. Pour mettre les pains en corde, l'ouvrier tortille l'extrémité de la corde autour du doigt index de sa main droite, avec laquelle il saisit la pointe du pain, en l'inclinant un peu. Il passe avec sa main gauche la corde sous la patte du pain ; il la conduit avec la même main sur la pointe ; et la passant encore sous la patte, il forme une croix. Il finit par l'arrêt r, en faisant un nœud avec le bout de la corde qu'il avoit tortillée autour de son doigt. Les pains étant mis en papier et cordés, sont en état d'être livrés aux marchands. On les arrange par espèces, dans des cases, *fig.* 13. Quoique les magasins soient assez secs, les pains deviennent un peu plus pesans qu'ils n'étoient au sortir de l'étuve ; et les détailleurs, pour obtenir du bénéfice sur le poids, conservent leurs sucres dans des salles basses assez humides.

222. Le sucre royal est mis en papier comme l'autre, excepté qu'on l'enveloppe dans du papier fin violet, et qu'en-dedans on met un papier blanc, tant pour le fond que pour le gonichon.

223. Les raffineurs tirent leur papier en rame des papeteries, et les raffineries sont la cause de l'établissement de plusieurs papeteries qui entretiennent un bon nombre d'ouvriers ; ce qui fait un grand bien dans les provinces où elles sont établies.

224. Je crois qu'on enveloppe le sucre dans du papier bleu, parceque cette couleur fait paroître le sucre plus blanc. Il arrive quelquefois, dans le transport, que le bleu du papier se décharge sur le sucre ; c'est pour prévenir cet inconvénient, et ménager la blancheur des sucres fins, qu'on met un papier blanc sous le bleu, principalement à la tête, parceque c'est la partie qu'on examine le plus ordinairement quand on achète du sucre ; d'ailleurs, comme on vend le papier et la corde avec le sucre, on n'a aucune raison de l'épargner.

225. Quand les pains sont vendus, on met à une grosse balance un grand panier qu'on remplit de pains, pour les peser tous ensemble : ensuite, on les arrange dans de grands tonneaux. Pour cela, un homme entre dans le tonneau ; il arrange les pains tout près les uns des autres sur le fond du tonneau, le gros bout en-bas, et il forme ainsi le premier rang : au second, il met les pointes en-bas, et il marche sur les fonds, pour que les pains soient bien serrés les uns contre les autres. Quand le tonneau est plein environ aux deux tiers, il en sort, il descend à terre ; et, monté sur un marche-pied, il achève de le remplir, observant toujours le même ordre dans l'arrangement des pains. Néanmoins, quand le tonneau ne peut pas tenir trois rangs de pains, le gros bout en-bas, ce qu'on appelle *trois*

hauteurs, alors on couche le troisième rang : cela s'appelle dans les raffineries, *faire une rosette*. Le tonneau étant plein, on l'enfonce, et on cloue un cerceau dans le jable ; alors le sucre est en état d'être voituré, par charrois ou par eau, au lieu de sa destination.

Des Ecumes et de la façon d'en retirer le sirop.

226. J'ai dit, en parlant de la clarification du sucre, qu'on mettoit les écumes dans un bac ou dans une chaudière roulante ; et j'ai ajouté que ces écumes contenoient beaucoup de bon sirop, et pouvoient fournir beaucoup de grain.

227. Il y a des raffineurs qui ne cuisent, ou, en termes d'art, ne *raccourcissent* leurs écumes que quand ils en ont rassemblé une assez grande quantité ; mais d'autres les raccourcissent à mesure qu'ils en ont, ayant une chaudière uniquement destinée à ce travail. Je crois que cette pratique est fort bonne ; car plus on laisse le sirop fermenter, plus on perd de grain.

228. La *pl.* 6, *fig.* 16, représente une chaudière montée sur son fourneau, comme celles qui sont destinées pour clarifier ou pour cuire. On pose sur les glacis deux bouts de soliveaux, sur lesquels on met un panier, et dans ce panier une poche, *fig.* 17, d'une forte toile de Guibray : tout cela se voit *fig.* 16.

229. On porte dans des baquets les écumes qu'on puise avec un pucheux, et on les met dans une chaudière à clarifier. On y ajoute quelques baquets d'eau de chaux ; on allume le feu sous cette chaudière, et avec un mouveron l'on brasse fortement les écumes avec l'eau de chaux.

230. Quand les écumes paroissent bien fondues avec l'eau, on les verse dans la poche, et ce qu'il y a de plus coulant tombe dans la chaudière, *fig.* 16. Mais comme il resteroit encore beaucoup de sirop dans les écumes, on rabat sur elles les bords de la poche, qui en premier lieu étoient renversés sur les bords extérieurs du panier, et on met sur la poche et dans le panier le rond aux écumes, *fig.* 18, qui est fait de plusieurs planches retenues par des barres avec deux anses de corde. On charge ce rond de plusieurs poids ; ce qui forme une espèce de presse qui fait sortir le sirop des écumes. Quand elles sont bien égouttées, on allume le feu sous la chaudière, *fig.* 16, pour donner au sirop un certain degré de cuisson qui n'est pas suffisant pour prendre la preuve. On se contente de le concentrer, ou, en terme de l'art, *de le raccourcir ;* car ce sirop ne doit point être mis dans les formes. On le mêle avec les cassonades, ainsi que les autres sirops fins, pour être clarifié, et ensuite cuit, comme nous l'avons expliqué ; car le sirop qu'on tire des écumes est

moins gras que tous les autres. Pour reconnoître si ce sirop est assez cuit, c'est-à-dire si les écumes sont suffisamment raccourcies, on plonge l'écumeresse dans le sirop; puis, la plaçant sur son tranchant, la nappe de sirop doit se rompre et se couper par flocons. Comme il arrive souvent qu'on ne clarifie pas quand on cuit les écumes, on met leur sirop dans des bassins, pour en remplir de grands pots, que l'on conserve jusqu'à ce qu'on clarifie des moscouades ou des cassonades.

231. Quand on clarifie des moscouades fort brunes, les écumes sont grasses; et en ce cas, au lieu de mettre le sirop dans le sucre, on le met en formes, que l'on traite comme des vergeoises.

Du travail des sirops.

232. J'ai dit que quand on avoit laissé s'écouler les premiers sirops, on changeoit de pots, et que les premiers sirops étoient plus rouges et moins propres à fournir du grain que ceux qui couloient après qu'on avoit changé: ceux-ci sont assez bons pour rentrer sans aucune préparation dans le sucre.

233. Les plus fins et les meilleurs de tous les sirops sont ceux qui coulent dans les pots après qu'on a terré; ce n'est presque que du sucre fondu. Ainsi, les sirops fins doivent, sans aucune préparation, rentrer dans les chaudières avec les cassonades qu'on va clarifier. Les opérations dont nous allons parler ne regardent donc que les premiers sirops.

234. Quand on en a rassemblé une suffisante quantité, les chaudières n'ayant point leurs bordures, on met des porteux sur les glacis, et on renverse dessus des pots remplis de sirop, *pl.* 3, *fig.* 4, jusqu'à ce que les chaudières soient à moitié pleines. On verse environ trois baquets d'eau de chaux sur dix-huit pots de sirop: bien entendu que toutes ces proportions varient suivant la qualité du sirop; plus il est roux et épais, plus il faut d'eau de chaux. On allume le feu: on ne verse point de sang pour clarifier; mais on cuit jusqu'à preuve.

235. Dans cette cuisson, le bouillon s'élève beaucoup; et il faut continuellement mouver, pour empêcher que le bouillon ne se répande hors les chaudières. Les ouvriers ont imaginé un moyen bien simple et très ingénieux de s'épargner cette fatigue. Ils mettent dans le sirop qui bout, *pl.* 6, *fig.* 19, une forme de bâtarde qui est cassée par la pointe. Cette forme, par son poids, tombe au fond de la chaudière, et s'y tient droite, étant appuyée sur son fond. La pointe du cône tronqué doit excéder le sirop de cinq à six pouces. Le bouillon s'élève dans son intérieur, et il sort en forme de jet par l'ouverture d'en-haut. Ce jet se répand tout autour,

et retombe sur le sirop, dont il abaisse le bouillon, précisément comme si l'on versoit continuellement de l'eau bouillante dans le sirop; de sorte que, par cette industrie, les ouvriers sont dispensés de faire continuellement agir le mouveron. On fait plus communément usage de cette forme pour des écumes qui s'enflent beaucoup en raccourcissant, que pour des sirops que l'on cuit pour les mettre en formes de bâtardes.

236. Il est bon de remarquer que, quand on fait des bâtardes, on ne se contente pas de cuire les sirops dans la seule chaudière à cuire, le travail iroit trop lentement; mais on cuit en même temps, et dans les deux chaudières à clarifier, et dans celle à cuire: c'est ce qui fait qu'on peut dans une journée remplir six chaudières dans l'empli.

237. Pendant que le sirop se cuit, on a préparé cinq ou six chaudières roulantes dans l'endroit qui précède l'empli, ou dans l'empli même; et quand le sirop est à son degré de cuisson, on le transporte dans les chaudières, en distribuant le sirop dans les six; ce qui s'appelle *faire des rondes*. Quand on a ainsi vidé les chaudières à cuire, s'il reste des sirops, on fait sur-le-champ une autre cuite, et par d'autres rondes, on transporte le sirop dans les mêmes chaudières; ce que l'on continue jusqu'à ce que les six chaudières soient pleines. Quand les six chaudières de l'empli sont pleines, on emplit les grandes formes de bâtardes qu'on a tapées et plantées dans l'empli; mais on remplit ces formes encore par rondes, ne vidant dans chaque forme qu'environ le sixième de ce qui est dans chaque bassin, pour qu'il y ait dans chaque forme du sirop de chacune des six chaudières. On laisse les formes sur leur tape pendant deux ou trois fois vingt-quatre heures.

238. Après ce repos, un ouvrier saisissant une forme entre ses deux bras, il la soulève, et donnant un coup de genou, il la porte en avant: mais comme il a eu la précaution de mettre un de ses pieds sur un bout de la tape, elle s'arrache; sur-le-champ, soulevant encore la forme, et donnant un coup de genou, il transporte la pointe au milieu d'un bourrelet; il en soulève les cordes, et passant dedans un levier, deux ouvriers mettent le levier sur leurs épaules: ils portent la forme sous un traquas qui répond au grenier aux pièces, ou à la purgerie; on les y monte; sur-le-champ on les couche sur un canapé, *fig.* 20, pour les percer avec une *manille*, qui est une cheville de bois dur, *fig.* 22. On met sous la pointe de la forme un seau ou un baquet, dans lequel il y a de l'eau, pour recevoir le peu de sirop qui coule, et pour y tremper la prime, afin qu'elle entre plus aisément dans la tête du pain. Car, après avoir enfoncé la prime d'une certaine quantité, on la retire; on la trempe dans l'eau du seau, et on l'enfonce de nouveau; ce qu'on répète à plusieurs reprises, parcequ'il faut que la prime entre dans la forme de huit à dix pouces; et

en mouillant la prime, on humecte un peu le grain; ce qui facilite l'entrée de la prime, et détermine le sirop à couler dans le pot.

239. On met les pièces bâtardes sur leur pot, *fig.* 23, pour laisser égoutter leur sirop pendant environ quinze jours : puis on change et on plante les pièces sans former de lits, mais avec l'attention de les mettre de niveau ; et pour cela, on essaie des pots de différente hauteur, afin que par tout le grenier, la surface des formes soit égale : car, comme elles sont fortes, on met des planches dessus, pour porter un ouvrier qui, étant à genoux, fait les fonds avec une truelle; et il les couvre de terre moins chargée d'eau que pour les sucres fins, afin que l'eau qui sort de la terre emporte moins de grain, qui est gras et tendre. On rafraîchit ces bâtardes une fois ou deux, suivant qu'on juge que le grain en a besoin. Quand les terres sont sèches, on les ôte, et néanmoins on laisse les bâtardes s'égoutter pendant deux ou trois mois.

240. De temps en temps on loche, pour visiter en quel état sont les pains ; mais comme ces pains sont fort lourds, on loche par terre : si ces bâtardes paroissent encore trop chargées de sirop, on dit qu'elles sont *trop vertes*, et on les laisse encore s'égoutter. S'il n'y a que la tête qui soit rousse, on tire les bâtardes de leurs formes; et souvent une partie de la tête reste dans la forme : mais, soit que cela arrive ou non, on coupe avec une serpe tout ce qui est roux, et on le joint avec les têtes, pour être recuit comme nous le dirons. Le reste est mis dans les chaudières à clarifier, avec le sucre brut ou la cassonade.

241. Pour retirer les têtes qui sont restées dans les formes, on pose les formes le fond en-bas, sur le sucre brut, *fig.* 24, qu'on a coupé avec la serpe : on passe par le trou de la tête une prime de fer, *fig.* 25, comme on le voit, *fig.* 24; et en tournant circulairement la prime, le sucre qui étoit resté à la tête, tombe; on met une autre forme à la même place; on agit de même avec la prime; et quand on a ramassé une suffisante quantité de têtes, on en fait *une fondue*, comme je vais l'expliquer.

Manière de faire les fondues de têtes.

242. On porte les têtes, et le sucre qu'on a coupé avec la serpe, dans une chaudière montée : on y ajoute un peu d'eau de chaux, seulement ce qu'il en faut pour fondre le grain : on allume un peu de feu pour faciliter la fonte du sucre dans l'eau de chaux; on mouve et on brasse bien le sucre avec l'eau de chaux. On ne cuit point complètement; mais quand le sucre est bien chaud, on le porte dans une coulerésse qu'on a établie sur une chaudière roulante, et avec un mouveron, l'on brise les morceaux de sucre qui n'étoient pas fondus, pour les faire tomber dans la chaudière. Quand tout est passé, l'on ôte la couleresse, et l'on mouve encore dans

la chaudière, pour achever de dissoudre le grain : pendant que le sucre est encore fort chaud, on en emplit des formes de bâtardes : quand elles sont refroidies, on les détape, et on laisse couler le sirop; au lieu de les terrer comme les bâtardes, on les descend dans une cave qu'on échauffe beaucoup, pour rendre le sirop plus coulant, et le grain qui reste dans les formes, est mis avec les sucres bruts et les cassonades dans les chaudières à clarifier : c'est ce qu'on appelle *des fondues*, ou *têtes fondues*.

243. On sait que le sirop qui s'écoule le premier de toute espèce de forme et de sucre est plus gras et moins disposé à fournir du grain que les sirops qui coulent ensuite. Or, les seconds et même les premiers sirops qui viennent des bâtardes dont nous venons de parler, se cuisent comme les sirops dont on a fait les bâtardes. On les met de même en forme sans les terrer; et le grain qui en provient s'appelle *vergeoise*. Ce grain, quand il a coulé son sirop, est refondu, comme on l'a vu ci-dessus pour les têtes; et alors ces pièces se nomment *des fondues de vergeoise*, comme on appelle les autres *des fondues de têtes*. On terre ces fondues de vergeoise, et le sucre qui en provient entre dans le sucre fin.

244. Lorsque les vergeoises ne sont pas belles, et qu'elles ont mal rendu leur sirop, on les refond de nouveau comme les têtes de bâtardes, avec un peu d'eau de chaux, et à une chaleur douce.

245. Ces vergeoises ainsi refondues se nomment des *verpuntes*, que l'on fond quand elles ont coulé leur sirop; et elles sont, conjointement avec les vergeoises, ce qu'on nomme *les fondues de vergeoise*.

246. On n'envoie ordinairement en Hollande que les sirops de vergeoise, de verpunte et de fondues de vergeoise non couverts. Tous les autres se recuisent, pour en tirer dans les raffineries tout le parti possible.

247. Il est vrai que quand les sirops en barriques sont chers, il y a autant de profit à envoyer en Hollande ceux qui viennent les premiers des bâtardes avant qu'ils soient terrés; mais on ne le pratique pas dans les raffineries de l'intérieur du royaume. Celles de Nantes, de la Rochelle, de Marseille, étant à portée de l'embarquement, peuvent y trouver quelqu'avantage; mais, comme à Orléans il faut envoyer les sirops à Nantes, en payer la voiture, le coulage et la commission au lieu de l'embarquement, avec d'autres frais qui réduisent le profit à rien, il est plus avantageux de travailler ces sirops pour en retirer tout le grain.

248. A l'égard des *barboutes*, qui sont la partie la plus grasse des sucres bruts, on fond cette moscouade inférieure comme les têtes des bâtardes, séparément ou avec ces têtes. On les met dans des formes pour couler leur sirop : on les terre ensuite comme les bâtardes; et elles rentrent dans le sucre fin. Leurs premiers et seconds sirops couverts ou non couverts entrent dans les bâtardes, comme nous l'avons dit.

249. On vient de dire que les premiers et seconds sirops des bâtardes servent à faire des vergeoises qui se cuisent comme on cuit les bâtardes. Il y a cependant pour les vergeoises quelques manœuvres particulières qu'on ne fait pas pour les bâtardes, parceque le sirop des vergeoises est plus gras, plus épais et moins rempli de grain que celui des bâtardes. Ainsi, lorsqu'on veut faire une cuite ou *journée de vergeoises*, on choisit les meilleures formes, parceque si l'on en prenoit de fêlées, le grain ayant peine à se former dans le sirop de vergeoise, qui reste long-temps liquide, il s'écouleroit par les fentes ou fêlures de la forme, et tout se perdroit en coulage.

250. Par la même raison, l'on met dans le fond de chaque forme, lorsqu'elle est plantée dans l'empli, l'épaisseur de quatre ou cinq doigts de sucre de bâtardes, qui a passé à l'étuve, et qu'on a rapé. On foule le sucre en poudre dans la tête de la forme avec un pilon de bois, afin de retenir le sirop dans la forme jusqu'à ce que le grain se soit formé; et quand on mouve ces vergeoises dans l'empli, ce qui ne se fait qu'une fois, on prend garde d'enlever le sucre de bâtarde avec la pointe du couteau dont on se sert pour mouver.

251. De plus, on laisse ces pièces plusieurs jours dans l'empli, pour donner le temps au sirop de s'affermir; et lorsqu'on les descend dans la cave pour couler leur sirop, on met sous les formes où le sirop paroît un peu mollet, un morceau de toile claire, qui s'appelle *une loque*, afin de soutenir le sirop et l'empêcher de couler trop promptement. Enfin, lorsqu'on perce ces pièces, on se sert d'une alène, et non pas de la manille, afin que le sirop ne s'écoule que lentement; car il arrive quelquefois que tout coule dans le pot.

252. Il faut que le lieu où l'on place ces vergeoises soit fort chaud, pour entretenir le sirop dans une certaine liquidité qui lui permette de couler; car de sa nature il est épais et visqueux. C'est pourquoi l'on entretient dans les caves où l'on tient ces formes, un feu continuel de charbon de bois.

253. J'avoue que je ne me serois jamais tiré de cette partie de l'art du raffineur, si je n'avois pas été expressément secouru sur ce point par MM. les raffineurs d'Orléans. Néanmoins il y a encore plusieurs petites manœuvres délicates pour tirer tout le parti possible des vergeoises : elles se comprennent aisément quand on voit travailler; mais il seroit difficile de les décrire clairement. Les raffineurs semblent en faire un secret; cependant aucun ne les ignore. Il faut avouer que le travail des gros sirops varie beaucoup dans les différentes raffineries; mais ce que nous venons de dire à ce sujet suffira pour guider ceux qui entreprendront ce travail; et par quelques essais, ils pourront trouver de nouvelles pratiques utiles, mais qui s'écarteront peu de celles que nous venons de décrire.

254. Le premier sirop qui coule des vergeoises n'est bon qu'à faire de l'eau-de-vie ou du taffia. On l'entonne dans des barriques, et on l'envoie en Hollande, parcequ'il est défendu de faire de ces eaux-de-vie en France.

255. Cette défense a fait beaucoup de tort aux raffineurs de France. Les médecins qui ont été consultés par la cour n'ont pas hésité de dire un peu légèrement que ces eaux-de-vie, plus âcres que celles de vin, étoient corrosives et contraires à la santé. Il auroit peut-être été plus exact de dire qu'elles étoient désagréables et mal distillées; mais un bon chymiste ne seroit pas embarrassé de faire avec du sirop de l'eau-de-vie exempte de ce défaut, qui ne vient que d'un peu de la partie grasse du sirop qui se brûle dans la distillation.

256. Ces gros sirops contiennent encore du sucre; mais il en coûteroit trop pour le retirer.

257. Afin de ne rien laisser à désirer sur la fabrique du sucre, nous allons rapporter d'autres pratiques qui nous ont été fournies par une personne qui est très instruite de cet art, et qui les mettoit en usage dans les temps où les moscouades qui arrivoient des îles étoient très chargées de sirop.

Du sucre royal.

258. Pour faire le *sucre royal*, qui est le plus blanc et le plus transparent, on choisit les cassonades les plus blanches, qui sont quelquefois de très beau sucre pilé. On les met dans les chaudières à clarifier avec une eau de chaux très foible, afin de ne point rougir le grain; et quelques-uns y ajoutent un peu d'eau d'alun. On clarifie ce beau sirop avec un peu de sang: on le passe par le blanchet, ce qu'on répète plusieurs fois; et on le cuit un peu au-dessous de preuve, pour qu'il n'y ait que le grain qui a le plus de disposition à se cristalliser qui forme le pain, et que le sirop coule abondamment dans le pot.

259. On fait les fonds avec du sucre superfin, et l'on terre à l'ordinaire: ces opérations causent beaucoup de déchet; mais on ne perd que la cuisson, les sirops rentrant dans les sucres des gros pains. Enfin, il est bon que ces pains soient bien desséchés avant qu'on les mette à l'étuve, où on les place loin du coffre, pour éviter les coups d'étuve.

260. Quand on n'a point de belles cassonades, on est obligé, pour faire du sucre royal, de piler des pains de beau sucre raffiné; ou bien on raffine des matières ordinaires: on les met dans des formes; on laisse couler le premier sirop; on les couvre avec de la terre: quand les pains sont presque blancs, on les tire des formes; on retranche les têtes, où il reste un peu de roux, on jette dans une chaudière les pattes parfaitement épurées de

sirop roux ; on clarifie ce beau sucre, on le raccourcit par la cuisson, et l'on traite cette belle matière comme nous l'avons expliqué plus haut. Voilà tout ce que j'ai pu apprendre sur la fabrique du sucre royal, les raffineurs ne voulant pas dire tous les détails de la pratique qu'ils suivent. Ce qu'il y a de certain, c'est que MM. Vandebergue font à Orléans du sucre royal qui est plus beau que celui qu'on tire de l'étranger.

Des qualités que doivent avoir les sucres raffinés.

261. La beauté du sucre raffiné et mis en pain consiste dans sa blancheur, jointe à la petitesse de son grain, qui doit rendre la surface des pains unie. Enfin, ce sucre doit être sec et sonore, dur et un peu transparent.

262. Si l'on a bien présent à l'esprit ce que nous avons dit sur le travail du sucre, on concevra qu'il y a dans le sirop des parties de sel essentiel, qui ont beaucoup plus de disposition à se cristalliser que les autres, qui étant toujours un peu grasses, forment un grain moins dur, moins blanc et moins transparent. Ce sont les parties qui ont le plus de disposition à se cristalliser, qui sont les plus propres à former le sucre royal et le superfin. Il faut tirer parti des autres, sauf à vendre à meilleur marché le sucre moins parfait qu'elles fournissent. C'est dans cette vue qu'on fait les sucres en gros pains; sur quoi néanmoins il est bon d'être prévenu que, si l'on faisoit dans de grandes formes du sucre raffiné comme pour le superfin, il seroit aussi beau que le sucre royal : mais l'usage a prévalu de préférer les petites formes; on pense que le sucre doit être d'autant plus beau qu'il est en plus petits pains; et cela est effectivement, parceque les raffineurs font les petits pains avec leur plus belle matière.

263. Si dans une raffinerie on ne vouloit faire que du superfin ou du sucre royal (*a*), on éprouveroit beaucoup de déchet : car il faudroit réduire en sirop tout le grain que nous avons dit avoir le moins de disposition à se cristalliser, et par cette raison tout le grain qu'on retire des sirops seroit inutile. Pour mettre tout à profit autant qu'il est possible, il faut donc faire

(*a*) Les sucres superfins n'ont été connus en France que depuis quinze ou vingt ans. Auparavant, on tiroit cette sorte de sucre de la Hollande, pour la table du roi et celle des gens opulens. Ce sont MM. Vandebergue qui ont enlevé cette branche de commerce à la Hollande, et qui en ont enrichi l'intérieur du royaume. Ce sont eux aussi qui ont imaginé de mettre du sucre terré sur les pains en les terrant : cet objet a donné lieu à une plus forte consommation de cassonades, et à un plus grand terrage aux îles; les droits du roi y ont gagné.

des sucres communs; il en résulte cet avantage, que les gens moins opulens se les procurent à meilleur compte; et ces sucres moins parfaits ont l'avantage de sucrer plus que les autres. Il semble que ce soit le sirop qui fasse la douceur du sucre : comme toutes les espèces de sucre contiennent du sirop, tous ont de la douceur; mais ceux qui contiennent plus de sirop, sont plus doux que les autres. Or, comme toutes les fontes et les lessives ont pour but d'emporter du sirop, il s'ensuit que le grain en reste moins doux, et d'autant moins qu'il a été plus clarifié. Ainsi il y a une double économie à acheter du sucre moins blanc, qu'on fait ordinairement en gros pains; il coûte moins, et il sucre plus. Le sucre qu'on vend dans les raffineries, peut donc se réduire à trois espèces : savoir, 1°. le deux, le petit deux, le trois, le quatre et le sept, que l'on nomme tous *sucre ordinaire*, et qui se met tout en papier bleu; 2°. le *superfin*, que l'on en met papier violet; 3°. enfin, le *royal*, que l'on met en papier violet plus fin que celui du superfin.

264. Il est certain qu'on pourroit faire du superfin, et même du royal, en grandes formes. On fait rarement du sucre royal; le sucre superfin a remplacé et surpassé même le royal de Hollande. La maison du roi consomme quelquefois du royal en temps de paix, mais peu. Ce sucre coûte très cher à faire fabriquer, à cause de son extrême blancheur : il est tellement transparent, qu'en l'exposant à la lumière du soleil, on apperçoit l'ombre des doigts au plus épais du pain. Le superfin a quelque chose de cette perfection.

265. A l'égard des *bâtardes*, des *vergeoises*, des *fondues de tête*, ce sont des sucres imparfaits, qu'on ne vend qu'après les avoir raffinés, comme les sucres bruts et les cassonades.

Du sucre tapé.

266. On fait à Marseille du *sucre tapé*, qui a la blancheur du sucre royal. Suivant les notions que j'ai pu me procurer sur ce sucre, il est fait avec du sucre que l'on prend dans les belles bâtardes, qu'on ne laisse point dessécher entièrement à l'étuve. On le pulvérise, et on le passe dans un tamis fin; puis on emplit avec le sucre en poudre des formes (*a*) qui sortent de tremper dans de l'eau fort nette; on le foule à différentes reprises avec un pilon qui est plat par-dessous; on loche ces pains sur une planche, et on les porte à l'étuve sur cette même planche : le peu d'humidité qui est resté dans les grains, fait qu'ils se collent les uns aux autres; et quoi-

(*a*) On a écrit de Marseille qu'il falloit que la forme fût de cuivre. Si cela est, il faut qu'elle soit bien étamée; car, comme le sucre reste long-temps dans les formes, il pourroit prendre un goût de cuivre ou de vert-de-gris.

que ces pains soient faits avec du sucre raffiné ordinaire, ils sont d'une blancheur à éblouir, lustrés et pesans. Mais, pour peu qu'ils aient séjourné dans un lieu humide, ils s'engrènent comme de la cassonade.

267. Je n'oserois assurer que ce que je viens de dire du sucre tapé soit fort exact; car ceux qui suivent cette pratique en font un secret. Mais j'estimerois beaucoup une pratique qui rendroit le sucre commun aussi beau que le plus raffiné; car on auroit l'avantage d'avoir un sucre blanc plus doux, qui sucreroit davantage, et qui seroit moins cher.

Sucre candi.

268. Le *sucre candi* est le vrai sel essentiel des cannes, cristallisé lentement et en gros cristaux. Quand le sirop est bien clarifié, on le fait cuire moins qu'il ne faut pour la preuve: on le verse dans de vieilles formes tapées, qu'on pose dans un lieu frais. A mesure que le sirop se refroidit, il se forme des cristaux; au bout de huit à dix jours, on porte les formes à l'étuve; on les place sur un pot, et on ne les détape pas entièrement, afin que le sirop ne s'écoule que peu à peu. Quand les formes sont vides et que les cristaux de sucre candi sont bien secs, on tire les formes de l'étuve, et on les rompt pour en tirer le sucre qui est fort adhérent à la forme.

269. On peut suspendre dans les formes, des couronnes, des cœurs, ou des lettres qu'on a faites avec de la paille ou de menues branches de coudrier. Le sucre se cristallise sur ces baguettes, et on les retire revêtues comme de fragmens de cristal.

270. Si l'on a coloré le sirop avec de la cochenille, les cristaux ont pris une légère teinte de rubis; avec de l'indigo ils sont un peu bleus, etc. On peut aussi les aromatiser avec des essences de fleurs ou de l'ambre. Mais toutes ces choses regardent plutôt les confiseurs que les raffineurs, et l'on ne fait point, de dessein prémédité, du sucre candi dans les raffineries. Il s'en forme seulement au fond des pots où il a séjourné du sirop, et on le gratte, comme nous l'avons dit, pour le remettre dans le sucre.

Eau-de-vie de sirop.

271. On met les gros sirops et les écumes pressées, ainsi que nous l'avons expliqué, dans un bac avec de l'eau, et on emploie par préférence celle où l'on a lavé les pots et les formes, ou celle qui a servi à laver les chaudières. On couvre le bac avec des planches: après avoir bien mouvé le sirop avec l'eau, il s'y excite une grande fermentation; il

s'élève une écume; et quand cette écume porte au nez une odeur forte et vineuse, on l'enlève avec une écumeresse; alors la liqueur ayant pris une couleur semblable à la bière, on la met dans des chaudières pour la distiller, comme le vin que l'on brûle. Je ne m'étendrai pas davantage sur cette opération, parceque, malheureusement pour les raffineurs, on ne la pratique pas en France; et de plus, parcequ'on pourra consulter ce qui sera dit ailleurs sur la distillation de l'eau-de-vie. Je remarquerai seulement que, comme les sirops sont fort gras, il s'en attache toujours à l'intérieur des chaudières à mesure que le fluide s'évapore; cette portion se brûle, et communique à l'eau-de-vie une odeur très-désagréable. Pour éviter cet inconvénient, il faudroit faire ces distillations au bain-marie, et avoir soin de bien laver les chaudières toutes les fois qu'on les vide.

EXPLICATION DES FIGURES.

PLANCHE PREMIÈRE.

MOULIN-à sucre dont les cylindres sont perpendiculaires.

Fig. 1, bâtis de charpente qui renferme le manége; E, F, G, H, bâtis de charpente qui assujettit les cylindres; I, K, K, trois cylindres de fer dont les axes sont reçus dans des crapaudines; L, L, leviers, à l'extrémité desquels sont attelés les bœufs ou chevaux qui font mouvoir les cylindres; P, P, P, roues dentées représentées au-dessous de la vignette, qui sont placées au bout supérieur de chaque cylindre, et engrènent les unes dans les autres; N, N, collets de bois qui embrassent l'arbre des moulins; *a*, forte pièce de bois dans laquelle l'arbre est reçu. Au-dessous des cylindres est une auge; H, E, dalles par lesquelles coule le suc des cannes jusqu'au réservoir F; M, N, nègres occupés aux travaux du moulin.

Fig. 2, plan du même moulin; A, établissement de la charpente; B, cage qui renferme les cylindres; C, C, leviers; D, l'aire où marchent les animaux; K, le réservoir où se rassemble le vesou; 1, 2, 3, 4, 5, chaudières servant à le clarifier et à le cuire.

PLANCHE II, *vignette du bas.*

Fig. 1, porte du cellier, où les barrils sont engerbés.

Fig. 2, A, B, C, trois bacs dans lesquels on jette le sucre brut selon sa qualité.

Fig. 3, ouvrier qui roule une barrique de sucre brut.
Fig. 5, ouvrier qui casse une barrique.
Fig. 6, ouvrier qui gratte le sucre attaché aux douves.
Fig. 7, ouvrier qui trie le sucre brut.
Fig. 9, baquet servant à porter le sucre dans les chaudières.
Fig. 10, bloc sur lequel on pose le baquet.
Fig. 11, deux ouvriers qui en portent un plein de sucre.

Vignette du haut.

A, canape.
B, bac à chaux.
C, petit bac pour l'eau claire.
4, grande cuve.
Fig. 9, tas de charbon.
Fig. 11, porte qui va aux bacs à sucre.
Fig. 12, porte de l'empli.
Fig. 13, 14, 15 et 16, chaudières à clarifier.
Fig. 17, chaudière murée.
Fig. 18, futaille où l'on met le sang de bœuf.
Fig. 19, rabots pour remuer la chaux.
Fig. 20, porte d'une étuve.

PLANCHE III.

Halle aux chaudières.

Fig. 1, chaudière à clarifier, garnie de ses deux bordures.

Fig. 2, chaudière avec une seule bordure; K, baquet dans lequel le raffineur met les écumes.

Fig. 3, chaudière aux écumes sans bordure.

Fig. 4, chaudière à cuire, sur laquelle est un porteur chargé de pots qui égouttent leur sirop; *d*, coffres entre les chaudières; *e*, banquette sur le devant; *a*, collet; *b*, baquet plein de sucre brut; *f*, écuelles pour recevoir le sucre qui sort des chaudières.

Fig. 5, le porteur.
Fig. 6, bac à chaux.
Fig. 7, chaudière qui n'est point montée.
Fig. 8, hausse.
Fig. 9, ouvrier qui prend du charbon.
Fig. 10, chaudière à claircc avec son panier et son blanchet.
Fig. 11, tuyaux des cheminées par où s'échappe la fumée.
Fig. 12, mouveron.

Fig. 13, pucheux.

Fig. 14, écumeresse.

Fig. 15, dalle avec son tuyau.

Fig. 16, coupe de la chaudière à clairce ; A, canape ; B, pot pour recevoir le sucre ; C, bassin posé sur le canape ; D, crochet et seau pour puiser le sucre

Fig. 16, * pelle de fer pour ramasser le charbon.

Fig. 17, plan d'un massif pour trois chaudières ; D, D, D, cendriers ; F, galeries qui y aboutissent et partent des fosses E.

Fig. 18, coupe du fourneau à la hauteur des grilles ; B, grilles ; G, conduits qui vont en rampant aboutir à la cheminée H.

Fig. 19, coupe prise entre deux chaudières par la ligne A, B, de la *fig* 17 ; A, hauteur à laquelle est placée la chaudière ; B, hauteur de la fournaise ; C, porte du fourneau ; D, hauteur du cendrier ; E, fosse d'où partent les évents ; F, galerie de communication ; G, conduites de la fournaise aux tuyaux des cheminées ; H, I, banquette au-devant des chaudières ; K, bordure en forme de boudin ; L, poëles ou écuelles qui reçoivent le sucre ; M, coffres ou élévations entre les chaudières.

Fig. 20, coupe verticale du fourneau ; A, chaudière en place ; B, fournaise, au-dessous est la grille ; C, porte par où l'on met le charbon ; D, cendrier ; F, galerie ; G, coupe des conduits de la fumée.

PLANCHE IV.

Fig. 1, forme de terre cuite. *Nota.* On a supprimé les cinq autres, qui ne diffèrent de celle-ci que par leur grandeur.

Fig. 2, chaudière de l'empli ; A, canape près de la chaudière ; B, bassin

Fig. 3, ouvrier portant un bassin de sucre cuit.

Fig. 4, canape représenté plus en grand.

Fig. 5, spatule.

Fig. 6, ouvrier qui plante les formes.

Fig. 7, forme posée sur son pot.

Fig. 8, raccommodeur de vieilles formes avec un cacheux à la main.

Fig. 9, bottes de copeaux et de cercles.

Fig. 10, ouvrier qui vide le sucre dans les formes.

Fig. 11, baquet à deux anses.

Fig. 12, ouvrier qui opale avec le couteau.

Fig. 13, spatule de fer.

Fig. 14, bourrelet de cordes.

Fig. 15, piles en formes près du bac.

Fig. 16, formes en piles saisies par un crochet.

Fig. 17, anneau pour redresser une pile de formes.
Fig. 18, ouvrier qui lave les formes dans l'eau du bac.
Fig. 19, tire-pièce pour les formes qui se rompent.
Fig. 20, ouvrier qui tape les formes.
Fig. 21, ouvrier qui porte les formes dans l'empli.
Fig. 22, porte de l'empli.
Fig. 23, baquets à une ou à deux anses.
Fig. 24, crochet pour le baquet à une anse.
Fig. 25, crochets pour saisir ce baquet.

PLANCHE V.

Fig. 1, poulie pour enlever les baquets.
Fig. 2, poinçon ou alène pour percer la tête des pains.
Fig. 3, formes rangées sans ordre.
Fig. 4, petit pot dont le sirop s'écoule dans un plus grand.
Fig. 5, caille à gratter.
Fig. 6, la même caille posée sur des tréteaux.
Fig. 7, formes renversées.
Fig. 8, serviteur qui loche les formes.
Fig. 9, disposition des formes par lits.
Fig. 10, formes posées sur leurs pots; serviteur qui les terre.
Fig. 11, truelle pour former les fonds.
Fig. 12, pics qui servent au travail des terres.
Fig. 13, bac à terre avec les piqueux.
Fig. 14, le piqueux.
Fig. 15, mouveron du bac à terre.
Fig. 16, couleresse sur un baquet.
Fig. 17, couleresse avec les moises qui l'environnent.
Fig. 18, petite cuiller pour mettre la terre sur les formes.
Fig. 19, panier où l'on met les esquives.
Fig. 20, brosse pour le locheur. Voyez *fig.* 8.
Fig. 21, palette de bois.
Fig. 22, couteau de bois pour étriquer.
Fig. 23, forme renversée sur la rondelle de bois.
Fig. 24, braisière de tôle.
Fig. 25, baquets et seaux.

PLANCHE VI.

Fig. 1, poulie d'un traquas où pend le bourrelet.
Fig. 2, pains tirés des formes.

Fig. 3, fenêtre qui répond à l'étuve.

Fig. 4, serviteur qui prend les pains avec précaution.

Fig. 5, pain rompu avec le couteau *a* et le maillet *b*.

Fig. 6, futaille renversée, avec une planche dessus.

Fig. 7, serviteur qui porte les pains à l'étuve,

Fig. 8, serviteur qui les met en papier et en corde.

Fig. 9 et 10 sont relatives à cette opération.

Fig. 11, coupe de l'étuve suivant sa hauteur; *a*, *b*, hauteur de l'étuve, qui a six étages; F, I, fenêtre pour entrer les pains; N, porte pour entrer dans l'appentis; A, évent; P, coffre pour chauffer l'étuve *i*; G, la grille; E, le cendrier; H, plaque de tôle; Q, ventouse; O, tuyau pour la décharge de la fumée.

Fig. 12, plan du plancher qui termine l'étuve par en-haut; N, porte; A, évents avec leurs trappes; O, tuyau de la cheminée.

Fig. 13, coupe horizontale de l'étuve au-dessus du poële; L, L, solives et sablières; *a*, *b*, *c*, *d*, capacité intérieure de l'étuve; *n*, *p*, enchevêtrure; *m*, *n*, *o*, *p*, grand espace vide au-dessus du coffre; *h*, *g*, *e*, coupe du coffre à la hauteur de la grille; Q, enfoncement en terre; M, tambour qui recouvre les portes.

Fig. 16, cuve aux écumes avec son panier.

Fig. 17, poche de toile.

Fig. 18, couvercle de bois qu'on met sur la poche.

Fig. 19, coupe d'une chaudière avec une forme rompue.

Fig. 20, forme de vergeoise posée sur le canape.

Fig. 21, serviteur qui perce un pain de vergeoise.

Fig. 22, poinçon de bois appelé *manille*.

Fig. 23, vergeoise plantée sur son pot.

Fig. 14, cheville de fer pour faire tomber la tête des vergeoises.

Fig. 25, la même cheville séparée.

EXPLICATION

Des termes usités dans les raffineries.

A

ALÈNE. C'est un poinçon de fer assez délié, qui a un manche de buis : il sert à percer la tête des petits pains, pour faciliter l'écoulement du sirop.

Arundo saccharifera. Voyez *Canne à sucre.*

Auge à piler le sucre. Voyez *Pile.*

B

Bac. Ce terme signifie, dans les raffineries, un vaisseau quarré ou rond, dans lequel on dépose différentes matières. On les distingue les uns des autres par leur usage : c'est pourquoi l'on dit, le *bac à chaux*, le *bac à terre*, le *bac à forme.*

On appelle aussi *bacs* des espèces d'armoires, dans lesquelles on met les moscouades et les cassonades, suivant leur espèce.

Bagasses. On appelle ainsi aux îles les cannes dont on a exprimé le suc par les moulins.

Balai. Il faut, dans les raffineries, des balais de bouleau pour nettoyer les chaudières, ainsi que les bacs, et pour passer les terres.

Baquets. Ce sont des vaisseaux faits avec des douves de bois blanc, cerclés de fer : les uns ont des oreilles de bois formées par deux douves qui s'élèvent plus que les autres ; d'autres ont des anses de fer. Leur usage est de porter le sucre brut aux chaudières, l'eau de chaux, et les terres préparées pour couvrir. Ce sont des espèces de seaux. On a de plus de grands baquets pour y mettre l'eau ou le sang.

Barboutte. On nomme ainsi des moscouades très chargées de sirop, qu'il faut travailler par des procédés particuliers.

Barbouttes. On donne ce nom à de gros pains qu'on fait avec de gros sirops qui contiennent peu de grain, et qu'on est obligé de refondre et de clarifier une seconde fois.

Barriques. Futailles bien cerclées, qui servent à transporter les cassonades, les moscouades, les terres, etc. L'usage commun est de dire *barril.*

Bassins. Ce sont des vases de cuivre qui sont de figure ovale, se rétrécissant par le bout, en forme de gouttière. Sur les côtés sont deux anses par lesquelles on les soutient. En appuyant contre le ventre le derrière du bassin qui est rond, on peut le porter bien de niveau. Les bassins servent à transporter le sucre de la chaudière à clairce dans la chaudière à cuire, et de celle-ci dans celle de l'empli, où l'on remplit les formes.

Bâtardes. Très gros pains qu'on fait avec des sirops non couverts, ou qu'on ne terre point, ou avec des moscouades très grasses.

Bâton de preuve. C'est une spatule moins longue et plus étroite que celle qu'on nomme *mouveron.* Le contre-maître s'en sert pour mouver ou remuer le sucre dans la chaudière à cuire, ou pour prendre la preuve, afin de savoir quand le sucre est cuit.

Blanchet. C'est un morceau de drap blanc ou brun, bien foulé et drapé. Les blanchets servent à filtrer le sucre clarifié, pour en ôter toutes les impuretés.

Blancs. On nomme les pains *blancs*, quand ils sortent de l'étuve, et qu'ils n'ont aucune tache.

Bloc. C'est, dans les raffineries, un cube de bois, qui est soutenu à deux pieds de hauteur, par trois forts pieds : ils servent à poser les baquets pour le transport du sucre brut, etc., ainsi que les seaux pour le transport des terres; ou à locher, ou à raccommoder les formes.

Bordures. Ce sont des hausses de cuivre qu'on ajoute au bord des chaudières, avec des crampons de fer, pour en augmenter la capacité. On met souvent deux bordures l'une sur l'autre, pour clarifier. On n'en met point à la chaudière à cuire.

Boucle du bac à forme. Voyez *Redresseur.*

Bourrelet. C'est effectivement un bourrelet de paille, qu'on met quelquefois sous les bassins, pour qu'ils ne penchent point. C'est aussi un anneau de corde, qui est supporté par quatre plus menues, comme le plateau d'une balance. Son usage est de monter les grosses formes par les traquas.

Brosse. On a, dans les raffineries, de grosses brosses qu'on tire de Rouen; elles servent à nettoyer le fond des pains quand on lève les terres: ce qui se nomme *plamotter.*

C

Cacheux. Outil dont se sert le raccommodeur de formes: c'est proprement le chassoir du tonnelier. Il sert d'abord à frapper sur les cerceaux, et alors il fait l'office de maillet. Ensuite on le pose sur le cerceau, et on frappe dessus; alors c'est un chassoir. Il sert aussi à sonder les formes, pour connoître si elles sont fêlées. Enfin, il sert à taper.

Cadets. C'est ainsi qu'on nomme les pains qui, étant lochés lorsqu'on plamotte, se montrent assez roux à la tête, pour qu'on soit obligé de les estriquer et de les rafraîchir, ou même de leur faire des fonds, pour mettre une nouvelle terre.

Caisse à gratter. C'est une caisse de bois de chêne qui n'a point de dessus: un de ses grands côtés est plus élevé que les autres; et, au lieu de couvercle, il y a deux traverses sur lesquelles on appuie le fond de la forme qui, étant couchée, repose sur un des bords. Le sucre qui se détache en grattant, tombe dans la caisse.

Canape. C'est un assemblage de menuiserie qui sert de chevalet pour soutenir les bassins auprès de la chaudière de l'empli.

C'est aussi une caisse parallélipipédique, qu'on met sur un de ses bouts, et dont le bout supérieur supporte les bâtardes couchées lorsqu'on les perce.

Cannamelle. Voyez *Canne à sucre*, en latin, *canna mellea.*

Canne à sucre. Plante du genre des roseaux, qu'on cultive dans les pays chauds, pour en exprimer le suc qu'on nomme *vesou*, et qui étant clarifié et concentré, donne le sucre.

Cappes. Ce sont des lattes minces, auxquelles on ménage en bas un crochet pris dans l'épaisseur du bois; elles servent à fortifier les grandes formes, en les serrant contre la forme avec des cerceaux de bois. Je crois que *cappe* se dit au lieu de *chappe.*

Casser les briques. C'est en couper les cercles, et les dépecer pour en tirer le sucre.

Casse à feu. Ce sont des braisières qu'on distribue dans les ateliers, pour y entretenir une chaleur douce: on les couvre d'un chapeau de tôle.

Cassonade ou *castonade.* C'est du sucre qui a été raffiné aux îles. Il y a des *cassonades blanches* qui ont été mises en pains terrés et étuvés; puis on les pile pour les encaquer, afin de diminuer l'encombrement et les droits qui sont imposés sur les sucres en pain. Les belles cassonades sont donc du sucre en poudre, qui est rarement aussi bien clarifié qu'en Europe.

Cassons. Ce sont des pains quelquefois très bien raffinés, auxquels, par accident, il manque une partie du fond ou de la tête.

Quelquefois aussi l'on fait des cassons en retranchant une portion de la tête où il étoit resté du roux. Ce sucre se vend à peu près le même prix que les pains entiers, mais sans papier ni corde.

Cendriers. Ce sont de grandes cavités qui sont sous les grilles des fourneaux: elles servent à recevoir la cendre, et à fournir à la fournaise beaucoup d'air pour animer le feu.

Chaise. C'est une espèce de canape dont la figure approche de celle d'une chaise. On la pose auprès de la chaudière à clairce, pour soutenir les bassins qu'on emplit.

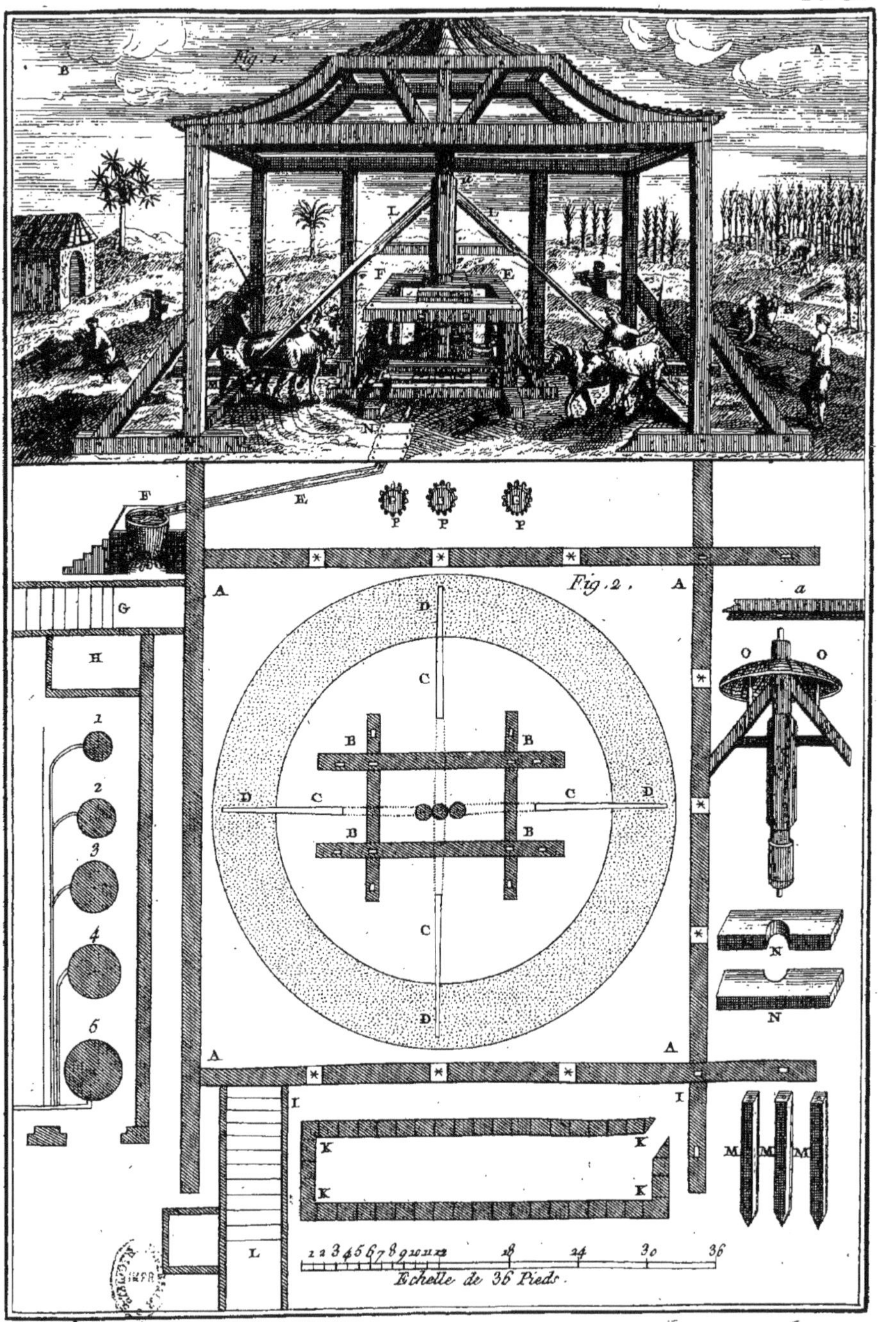

Sellier Sculp.

llier Sculp.

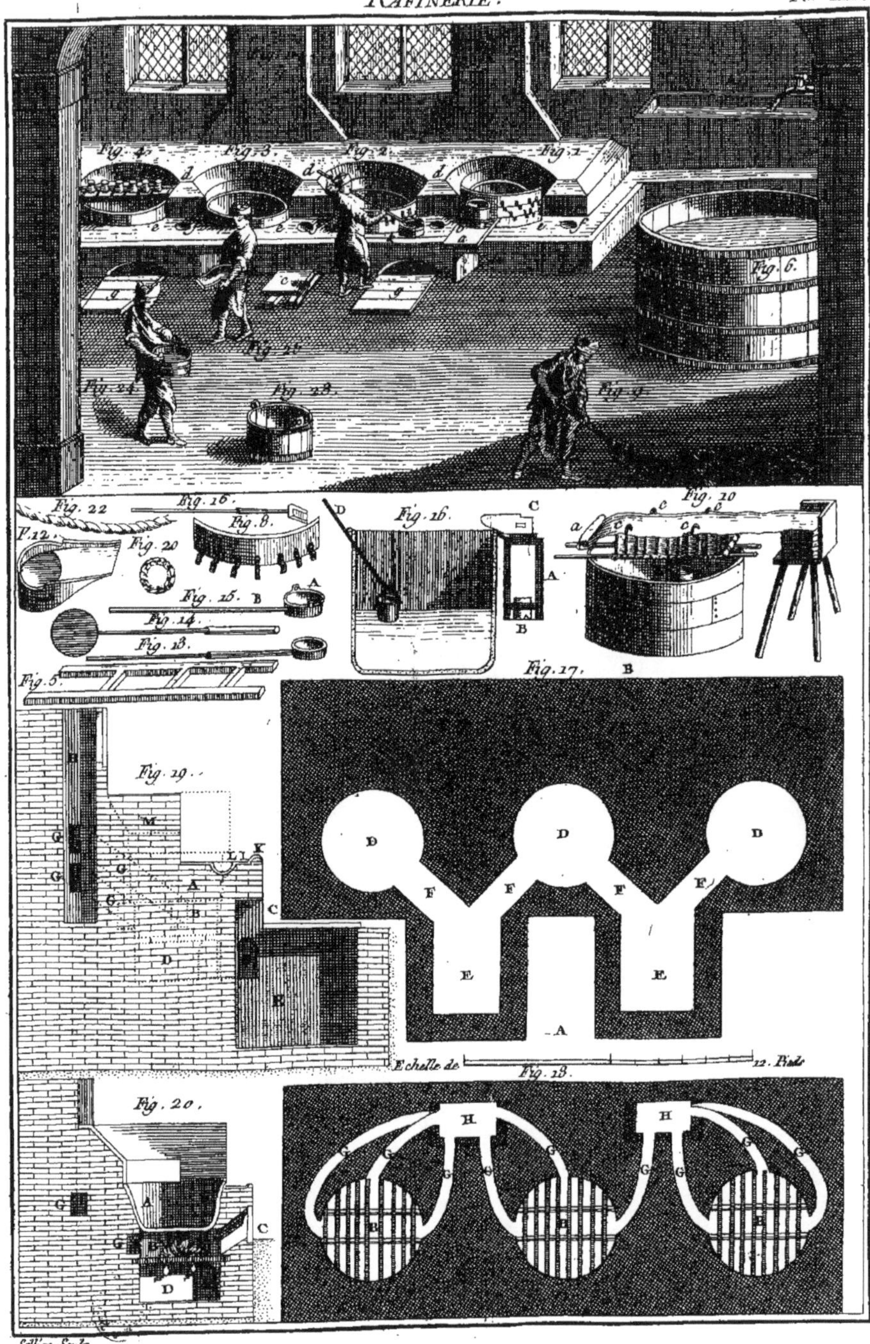

Sellier Sculp.

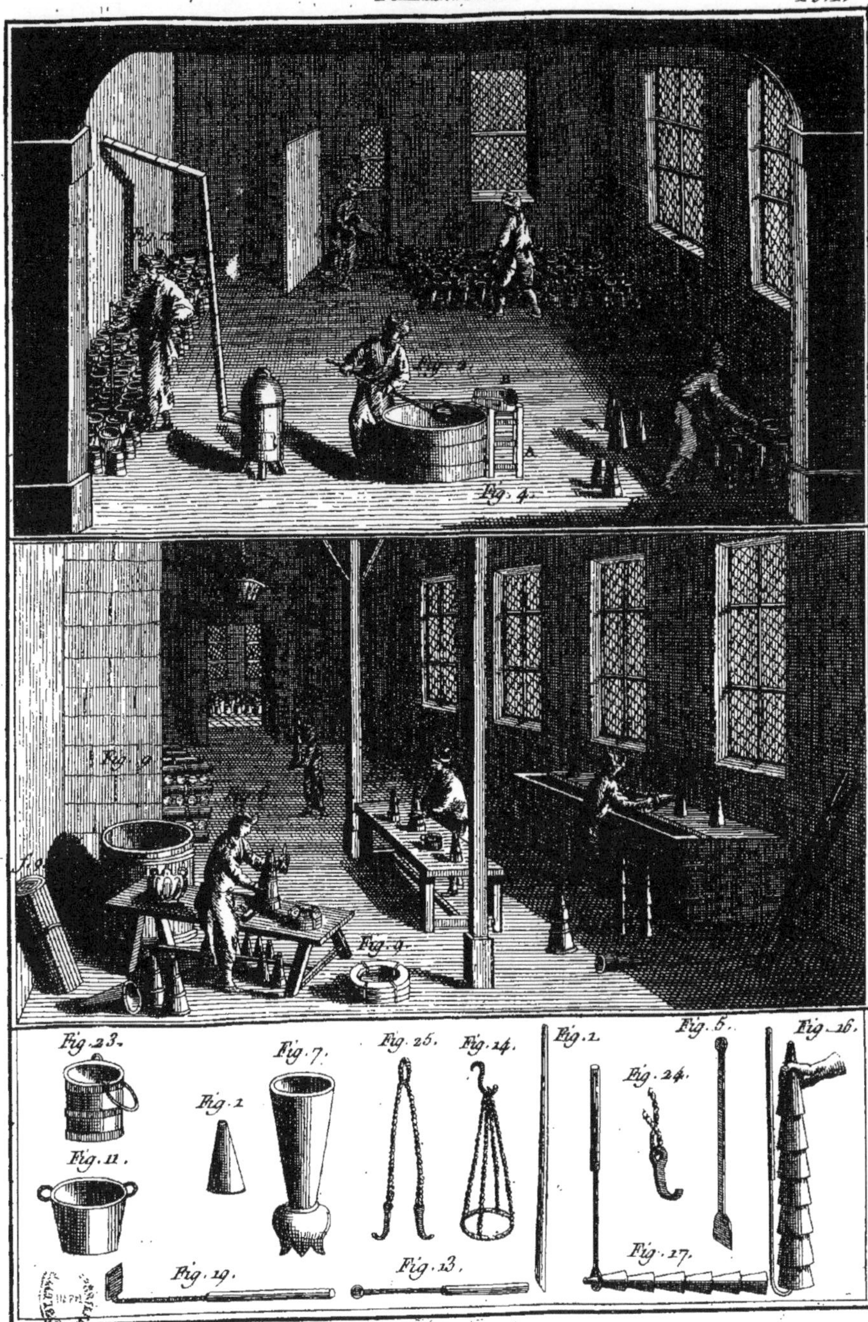

Sellier Sculp.

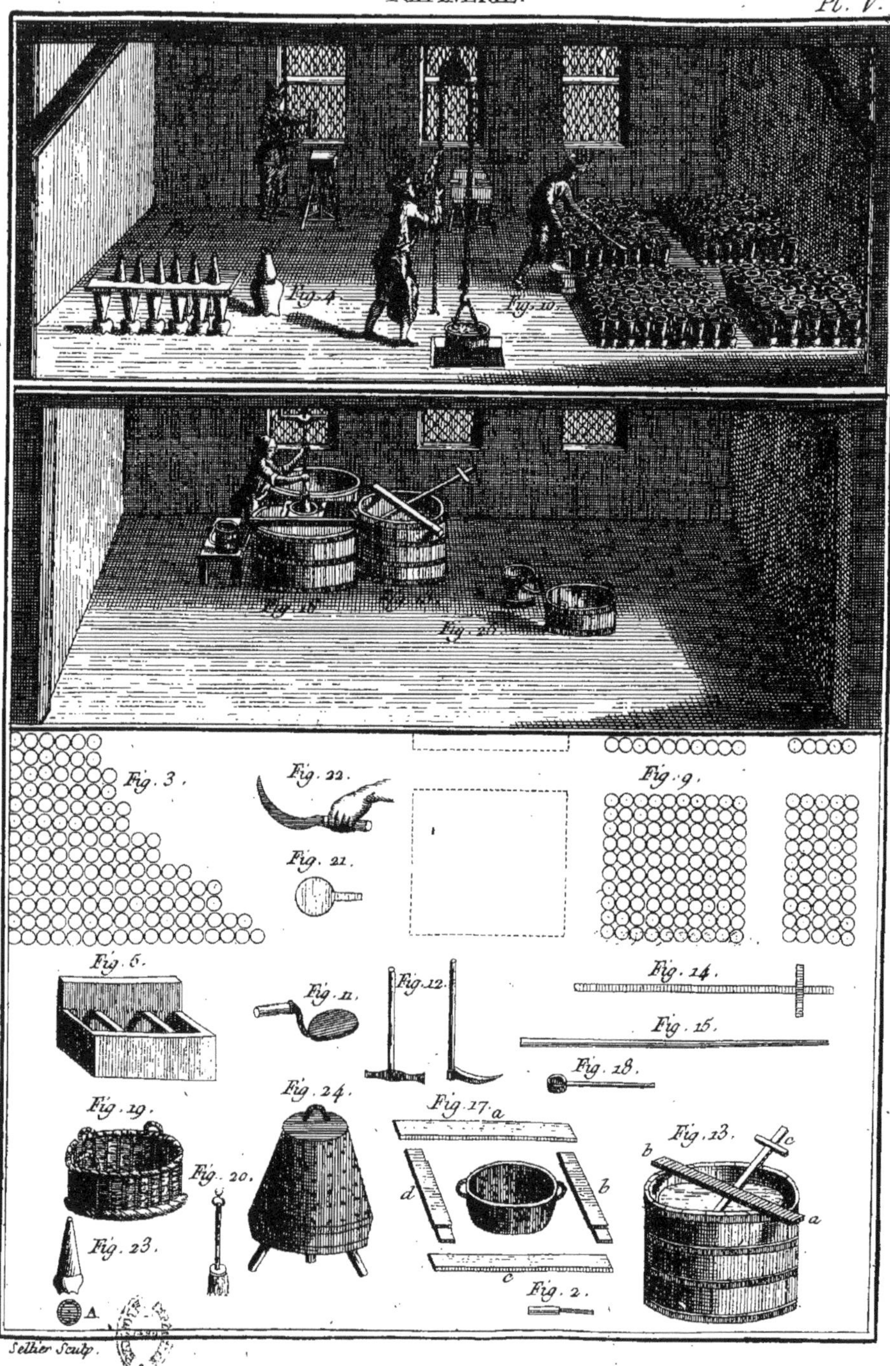

Selher Sculp.

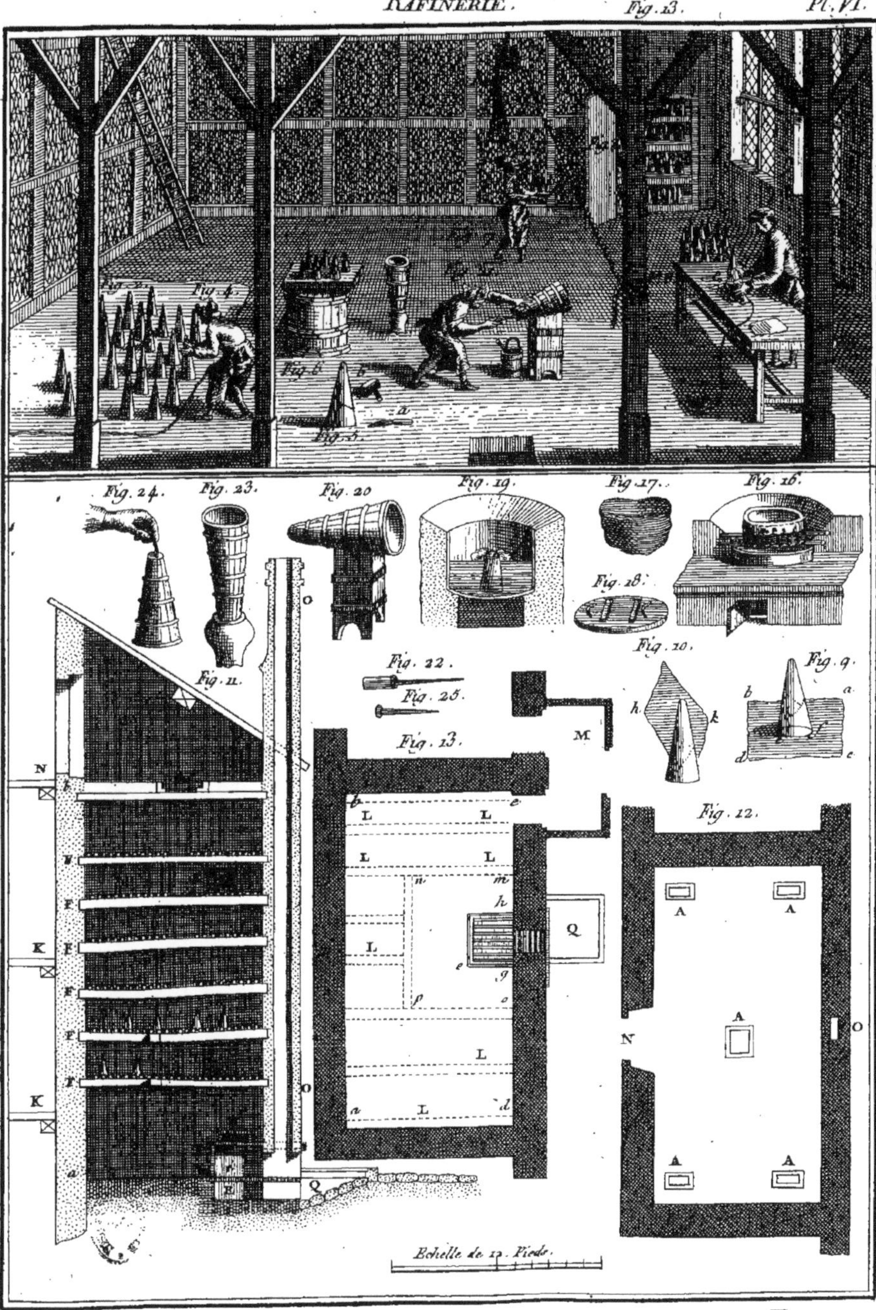

Sellier Sculp.

www.ingramcontent.com/pod-product-compliance
Ingram Content Group UK Ltd.
Pitfield, Milton Keynes, MK11 3LW, UK
UKHW021222230726
13926UKWH00003B/1179